数字图像及视频篡改检测技术

于立洋 著

清华大学出版社
北京

内 容 简 介

本书首先通过形式化的方式讨论篡改手段对媒体的影响，进而对图像及视频的篡改检测进行建模。模型包括两方面：一是检测媒体中是否存在异常相似的感知对象；二是检测媒体中是否有某些感知对象经历了与其他感知对象不一致的变换链。对于篡改检测模型的两方面，本书分别针对相应的图像篡改检测和视频篡改检测展开研究：在检测异常相似的感知对象方面，分别研究图像区域拷贝和视频帧的篡改检测技术；在检测不一致的变换链方面，分别在图像和视频部分研究图像局部篡改检测和视频删/插帧检测技术。

本书适合作为高等学校数字图像相关专业研究生的扩展读物，也可作为相关从业人员的参考书。

本书封面贴有清华大学出版社防伪标签，无标签者不得销售。
版权所有，侵权必究。举报：010-62782989，beiqinquan@tup.tsinghua.edu.cn。

图书在版编目（CIP）数据

数字图像及视频篡改检测技术/于立洋著. —北京：清华大学出版社，2021.10(2022.8重印)
ISBN 978-7-302-58985-3

Ⅰ. ①数…　Ⅱ. ①于…　Ⅲ. ①数字图像处理　Ⅳ. ①TN911.73

中国版本图书馆 CIP 数据核字(2021)第 174811 号

责任编辑：郭　赛
封面设计：何凤霞
责任校对：郝美丽
责任印制：曹婉颖

出版发行：清华大学出版社
　　网　　址：http://www.tup.com.cn，http://www.wqbook.com
　　地　　址：北京清华大学学研大厦 A 座　　　邮　　编：100084
　　社 总 机：010-83470000　　　邮　　购：010-62786544
　　投稿与读者服务：010-62776969，c-service@tup.tsinghua.edu.cn
　　质 量 反 馈：010-62772015，zhiliang@tup.tsinghua.edu.cn
　　课 件 下 载：http://www.tup.com.cn，010-83470236
印 装 者：三河市君旺印务有限公司
经　　销：全国新华书店
开　　本：185mm×230mm　　印 张：8.25　　字　　数：162 千字
版　　次：2021 年 12 月第 1 版　　印　　次：2022年 8 月第 2 次印刷
定　　价：39.00 元

产品编号：079961-01

前言

数字图像和视频是人们记录事实最为重要的手段。然而，随着各种图像和视频编辑软件的普及，篡改数字图像和视频内容变得愈发容易。基于影像媒体内容取证的有关理论和技术，人们可以尽可能地消弭伪造的媒体在政治、经济及司法等方面造成的消极影响。本书对图像及视频的篡改进行了形式化的分析，并在此基础上建立了数字图像及视频的篡改检测模型。该模型将数字图像及视频篡改检测建模为一个“描述—发现”的过程，其核心是找到能够描述媒体某方面信息的特征，基于该特征，以匹配或校验的方式，发现媒体中存在异常相似的感知对象或感知对象之间经历了不一致的变换链。围绕模型中的特征构造、匹配和校验方法等关键技术，笔者基于以往的研究成果 [1-5] 对图像及视频篡改检测领域中存在的若干问题进行了讨论。

笔者在以往的研究过程中得到了国内外很多同行专家的支持和鼓励, 他们热情无私地提供了很多资源，并提出了很多宝贵意见，在此一并表示衷心的感谢！感谢黑龙江省自然科学基金（编号 F2017014）的支持。

因笔者水平所限, 本书难免有不足之处, 恳请读者不吝赐教。

于立洋

2021 年 10 月

目录

第 1 章 引言

1.1 研究媒体篡改检测技术的意义

数码相机等设备，尤其是手机的普及，使得数字图像和视频的留存越来越方便，随手以图像和视频的方式记录生活中的一点一滴逐渐成为人们的习惯，随处可见的监控设备也在悄无声息地拍摄着周围发生的一切。我们的世界正以越来越高的密度以影像的形式被记录着，长久以来“眼见为实”的习惯也让人们形成了对图像和视频所描述的内容更加认同的潜意识。然而，在我们这个时代，随着 Photoshop, GIMP 和 Premiere 等图像和视频编辑软件以及相应学习资源的普及，非专业用户也能完成几可乱真的数字图像和视频合成，这几乎彻底颠覆了人们以往“眼见为实”的观念。

篡改，是指通过作伪的手段改变或歪曲原意。这意味着在篡改后，图像或视频的原始语义被改变了。尽管大多数人是出于娱乐目的，但不容忽视的是，由于政治、军事、经济或仇恨等原因，对数字图像和视频进行恶意篡改、传达虚假信息的事件大量存在。图 1.1 示出了几则典型的案例。这些案例包括已经证明是伪造、或饱受质疑的四幅图像（第一列和第二列）和两段视频的截图（第三列）。其中第一列的第一张图像是时任美国总统小布什的竞选宣传照，已被其幕僚证实是经过“修饰”的照片；第一列的第二张图像则是来自美军在伊拉克发生的“硬纸板”事件；第二列的两幅图像分别是伊朗和朝鲜的导弹试射现场照片，这两幅照片分别被分析专家们指出存在导弹及尾焰和水面水花异常；第三列第一幅图像是深圳卫视的新闻报道截图：网友怀疑警方公布的国内一起交通肇事案件的相关视频遭到篡改；类似地，美国警方声称黑人女性 Sandra Bland 在狱中自杀后，民众纷纷质疑警方公开的相关视频，第三列的第二幅图像是美国知名媒体讨论该事件的新闻截图。

图 1.1 数字图像和视频被篡改典型案例

上述仅仅是少数几则图像和视频伪造的案例，实际上，国际上诸如朝鲜在金正日病重期间公布的其与军队的合影，埃及公布的穆巴拉克与奥巴马共走红毯，俄罗斯公布的战机射击马航客机，国内的诸如 2006 年中国国际摄影比赛金奖造假、广场鸽、藏羚羊等引起公众关注的数字图像造假事件还有很多，发生在我们身边的各种善意或恶意的图像及视频编辑更是随处可见。然而，影像仍是我们记录事实不可或缺、最便利且最具说服力的手段之一。除了在新闻媒体中的作用，影像作为法庭证据时，保证其真实性的重要性也不容忽视。2009 年“7•5 事件”专案组在取证过程中，把视频图像作为嫌疑人的犯罪证据，乌鲁木齐市公安局刑事科学技术研究所专门设立了视频图像鉴定业务部门，以保证视频图像作为证据的合法性①。

数字图像和视频篡改检测是对媒体内容的取证，是指在不借助水印和哈希等额外辅助手段的情况下，以“盲”的方式鉴定数字图像和视频内容的真实性，并检测出媒体中的伪造成分。毋庸置疑，在上述背景下，在必要时，利用媒体篡改检测的技术手段去验证图像或视频内容的真伪，对维护社会稳定和司法公正等方面都具有积极意义。

1.2 国内外研究现状

篡改操作几乎必然会导致图像或视频某方面的原本属性发生异常变化，研究人员从不同的角度去探索如何更加准确、可靠且快速地发现伪造媒体中的异常现象。本节对近年来图像及视频的篡改检测技术进行简要的回顾。

① http://news.163.com/09/0820/20/5H6HCTLB000120GU.html。

1.2.1 基于异常一致性的篡改检测技术

在针对图像和视频的诸多伪造方法中，图像区域拷贝（region duplication）（又称拷贝-移动（copy-move））和视频帧拷贝无疑是最为常见且有效的一类篡改手段，这类方法操作极为简单易行，同时由于不引入非同源内容，伪造媒体往往在光照、色彩、透视等方面相当协调。但也正是由于伪造区域来源于待检测媒体自身，这类篡改行为可以通过在媒体中搜索异常的相似性进行检测，在本质上属于特征匹配问题。

1. 图像区域拷贝检测

对于图像而言，检测区域拷贝即检测图像中的雷同区域。按照特征提取区域的选择，现有的方法可以分为两类：基于图像块的方法和基于特征点的方法 [6]。这两类方法分别通过检测图像中存在的匹配图像块 [7-23] 或匹配的特征点 [24-29] 来找出雷同区域。两类方法在流程上大致相同，通常包括特征提取、特征匹配、误匹配筛除和后处理等步骤。下面对上述几个步骤中常用的方法进行简要介绍。

（1）特征选取：基于图像块匹配的检测方法由来已久，特征的选择较为多样化，依据特征的类型又可进一步细分为：基于矩的方法 [17,21,30,31]、基于降维的方法 [11,19]、基于像素点值的方法 [8,15,16,22,32] 以及频域 [7,10,33,34] 方法。由于几乎在每个像素点处都要提取其邻域图像块的特征，基于块的方法普遍需要较长的运行时间。此外，大多数基于块的方法对图像降质，尤其是几何变形的鲁棒性较差。基于特征点进行匹配是近年来出现的方法，目前常见特征点包括 SIFT[24-26]、SURF[28,29]、DAISY[35] 及 Harris 角点邻域的统计量 [27] 等，这类方法的速度通常远高于基于块的方法，且具有很好的鲁棒性。但是，为了保证足够的区分性，SIFT、SURF 等特征点通常位于纹理丰富区域，因此往往漏检发生在平滑区域、特别是小面积平滑区域的拷贝行为。

（2）特征匹配：在特征匹配阶段，对于每个给定的特征，首先要为其找出特征空间中的最近邻（可能是多个）。现有的方法通常采用字典排序 [7-16,18-23,36] 或源于 kd–tree 算法的 BBF（Best–Bin–First）算法 [17,24,26] 来搜索相似的特征向量。

显然，如果把字典序特征矩阵中所有相邻的两行特征，或 BBF 算法为每个特征在特征空间中找到的最近邻都作为一对合格的匹配特征，不但可以显著增加后续步骤的计算量，还会导致大量误匹配出现。因此，在匹配阶段通常引入某些机制来筛选足够相似的特征对。基于块的方法通常通过设置距离阈值的方式，把特征空间中距离较远的匹配特征对舍弃，而基于特征点的方法则是考察特征间距离的相对差异。文献 [26] 中采用了 2NN（2 Nearest Neighbour Test①）方法筛除相似度不足的匹配特征对，其核心思想是：一对合格的匹配特征之间的距离，远小于随机特征对之间的距离。在文献 [25] 中，Amerini 等人将 2NN 扩展为 g2NN （generalized 2 Nearest Neighbour Test）方法，使其能够处理一对多的匹配。文献 [6] 指出，当基于块的方法采用 g2NN 方法时，篡改检测性能也得到了明显提升。

（3）误匹配筛除：误匹配筛除通常包含三个方面。第一个方面是为了避免由于图像局部相似性导致的误匹配，方法是在匹配时剔除距离待检测子块或特征点较近的区域[17,20,22]；第二个方面是考察合格的匹配特征点（或图像块）对之间的几何关系，以保证拷贝的源和目的区域是有意义的连通区域，同时拷贝区域内所有真正匹配的特征点（或图像块）对都应该符合一个一致的几何变换模型[15,19,25,38,39]；第三个方面的误匹配筛除是考察雷同特征点或图像块的数量：拷贝区域通常包括多对匹配图像块或特征点，只有符合同一变换模型的特征点（或图像块）对超过一定数量时，才认为这些特征对是区域复制的体现。

（4）后处理：后处理操作的目的是进一步提高针对拷贝区域的检测精准程度。大多数方法通过形态学操作在检测到的匹配特征点（或图像块）处生成检测结果[14,21,23,26]。最小面积阈值通常也会作为界定复制区域的一项约束[16,21,22,25,26]，用于进一步去除误匹配。近年来，一些文献就如何更准确地定位篡改区域提出了一些思路。文献 [26] 中方法，Pan 和 Lyu 利用几何变换估计阶段得到的参数对待检测图像分别进行正向和逆向的仿射变换后，计算变换图像和原始待检测图像之间每个像素点一定邻域内的相关系数，并把相关系数映射为灰度图，最后通过阈值化的方式生成二值检测图。在某些情况下，这种方法能够生成极为精确的检测结果，但当图像中存在大量相似图案或平滑区域时，误检率也会很高。文献 [40] 中方法在建立初始的匹配关系后，在初始的特征点周围逐像素点搜索，以滞后阈值（hysteresis threshold）的方式逐步细化检测到的拷贝区域。实际上，该方法与文献 [39] 中方法在估计匹配区域之间的几何变换过程中采用的区域生长方法异曲同工。

---

① 实际上，这种思想最早是 Lowe[37] 提出的，Amerini 等人在文献 [25] 中将其命名为 2NN。方便起见，本书也沿用了该名称。

2. 视频帧拷贝检测

由于拷贝的源和目的帧在伪造视频中同时存在，帧拷贝行为可以通过在视频中搜索雷同的帧序列来检测，其检测结果中应该给出拷贝帧序列中源和目的帧之间的一一对应关系。帧拷贝检测的难点在于两个方面：首先是运算时间的问题，即如何在海量的视频帧之间，以可接受的时间代价找出异常的匹配关系；其次是匹配方法的有效性问题，即如何鲁棒地检测到雷同的帧序列。

事实上，上述两点往往相互矛盾，很难同时满足。检测雷同帧，实际上是指内容雷同，而在压缩等视频降质因素存在的情况下，快速且稳定地描述每一帧的整体内容并非易事：语义层次的特征构造往往需要较高的时间复杂度，而绝大多数能够快速提取的底层特征又很难保证对各种降质因素的不变性。在这种矛盾的制约下，根据笔者的调研，帧拷贝检测领域的研究成果并不丰富。

在文献 [41] 中方法，Wang 和 Farid 首次提出了帧拷贝检测问题和相应的检测方法。首先，该方法以分治策略避免在海量视频帧之间以暴力搜索的方式建立匹配关系。视频首先被划分为重叠的子序列，每个子序列以滑动窗口的方式向后寻找与其匹配的子序列。为了进一步减少运行时间，在对子序列进行比较时，采用了由粗到细的方式。粗匹配以子序列中各帧之间的相关系数作为特征，当两个子序列的时域特征过于相似时，会触发细粒度的匹配，细粒度的匹配则是以每帧画面内子块间的相关系数作为特征。若细粒度匹配时，如发现两个子序列的相似度仍然极高，则认为两个子序列是雷同的。假设视频被划分为 n 个子序列，则上述子序列比较的复杂度约为 $O(n\cdot(n+1)/2)$。采用上述框架进行帧拷贝检测的方法还有文献 [42-44] 中提到的方法，分别采用了结构相似性 [44] 和色彩直方图的相关性 [42,43] 度量子序列之间的相似程度。

受图像拷贝检测中特征匹配方法的启发，文献 [45] 和 [46]（文献 [45] 用 Tamura 纹理作为视频帧的特征，文献 [46] 则用胞元自动机结合 LBP（Local Binary Pattern）描述视频帧）以字典排序对帧序列的特征进行排序，排序后相邻且在特征空间内距离足够近的特征对对应着拷贝的子序列。通过这种方式，搜索匹配帧序列的复杂度在理论上可以降低到 $O(k\cdot n\cdot\log n)$，其中 k 为特征向量的长度。然而需要注意的是，字典排序要求所有的排序特征同时储存在内存中，从实现的角度来看，在内存有限的环境下，随着 k 和 n 的增大，字典排序需要的内存空间可能会超出运行环境的可用内存容量。在这种情况下，字典排序不得不在外存储器上进行，因此可能导致频繁且耗时的磁盘读写过程。

在文献 [47] 中方法，考虑到视频编码过程的特点，Subramanyam 等人在相邻的 I 和 B 帧或 P 和 B 帧中相同位置的图像块上提取 HOG（Histogram of Oriented Gradient）特征，如果相邻两帧上所有相同位置的图像块对应的 HOG 特征之间相关性足够强，则认为这两帧中的一帧是另一帧的拷贝。这种方法只能检测拷贝源和目的帧相邻的情况，而这种情况并不常见。

1.2.2 基于成像设备特性的篡改检测技术

通常情况下，数码相机拍摄一幅照片通常需要经历如图 1.2 所示的几个主要阶段：光穿过镜头并由光学滤波器进行滤波，在穿过色彩滤波阵列（Color Filter Array, CFA）后，被传感器（感光器件）记录下来。传感器记录的信息在经过色彩插值之后形成彩色照片，然后进行白平衡、伽马校正等后处理，最终输出供用户使用的照片或视频。由于各个相机生产厂商所采用的硬件和算法大多不同，成像的各个阶段都会在照片上留下一些特定的可追溯痕迹，基于相机特性的篡改检测技术就是利用这些痕迹检测图像篡改。在这类方法中，比较典型的是基于色差、基于传感器模式噪声、基于 CFA 插值模型和基于相机响应函数等方法。

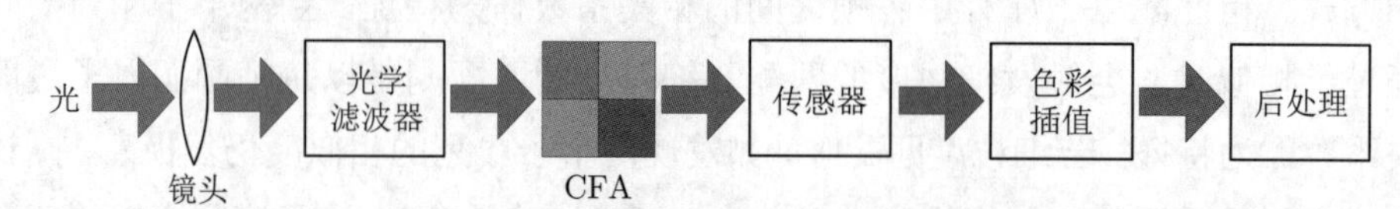

图 1.2 数码相机成像流程

基于色差的篡改检测技术：不同波长的光穿过镜头时的折射率不同，从而产生色差现象。对于一幅未经篡改的图像来说，整幅图像上的色差应该符合同一色差模型。在文献 [48] 中，Johnson 和 Farid 对横向色差进行了建模，把模型参数的求解转化为彩色图像不同通道之间的配准问题，并通过互信息法求解模型的各个参数。在进行取证时，首先进行全局参数估计，然后分别对图像的局部（分块）估计。如果存在某个块的参数估值与全局参数不一致，则说明该块存在篡改。

基于传感器模式噪声的篡改检测技术：由于制造工艺和原材料难免存在瑕疵，相机传感器内不同区域的成像效果存在差异，从而在各个像素点位置上对光的敏感性不同，这就导致在最终图像上出现图像响应不均匀（Photo Response Non-Uniformity, PRNU）的现象。每个传感器的 PRNU 几乎都不相同，且不易受到其他因素的干扰，因而可以作为“相机指纹”对成像设备进行唯一标识 [49,50]。假设能够获取某相机或该相机拍摄的一定数量的未经篡改图像，就可以获得与此相机唯一对应的 PRNU 模式，从而可以通过 PRNU 的一致性进行篡改检测。文献 [51,52] 通过对图像进行分块，以假设检验的方式在每个子块中检测 PRNU 的一致性从而发现篡改区域。

基于 CFA 插值模型的篡改检测技术：对大多数数码相机而言，当光穿过 CFA 之后被传感器记录时，实际上每个像素点只记录了 CFA 阵列上与其对应的颜色通道的响应值，其他两个通道的值需要在色彩插值模块中基于相邻像素点的响应值以插值的方式得到。这就在相邻像素点间构成了特定的相关关系，而局部的篡改行为极有可能破坏这种相关关系。在文献 [53] 中方法，Popescu 和 Farid 假设相机采用线性模型进行插值，并基于 EM 算法对模型参数进行估计，当图像中存在某区域内的像素点之间的相关关系与其他区域不一致时，表明该图像有伪造的嫌疑。

基于相机响应函数的篡改检测技术：相机响应函数（Camera Response Function, CRF）也是数码相机的重要特性之一。Lin 等人 [54] 归纳了 CRF 的三个属性：单调递增、平滑、不同通道之间的 CRF 相似，这些属性同样适用于 CRF 的逆函数。在此基础上，他们设计了三个特征用来度量图像中各个区域的 CRF 逆函数估计是否异常。该方法需要人工交互，同时要求待检测图像具有较高的对比度。此外，当篡改区域与原始图像使用相同相机拍摄，或拍摄用的相机采用了自适应 CRF 时，该方法无效。Hsu 等人 [55] 首先把图像分割为不同区域，在各个区域内分别估计 CRF，进而通过交叉拟合的方式检验相邻区域间的 CRF 是否一致。该方法的性能严重依赖自动分割的结果，此外，算法复杂度也较高。

上述几类基于成像设备特性的篡改检测方法均为面向图像的局部篡改检测。由于数码相机和摄像机的成像过程大体相似，基于设备特性进行篡改检测这种思路也能够应用于视频帧的局部篡改检测，例如 Kobayashi 等人 [56] 利用视频的噪声水平函数（noise level function）检测视频每帧内的篡改区域。基于成像设备特性的方法普遍是在图像或视频自身内容这种强信号的干扰下提取弱信号的，然而目前主流的数码相机或摄像机在默认状态下的输出大多为压缩编码格式，在有损压缩的情况下，弱信号很难稳定且准确地被提取。即使在不压缩的情况下，弱信号能否成功被提取也和图像本身内容密切相关（例如，在极饱和区域无法正确提取 PRNU）。

1.2.3 基于文件格式特性的篡改检测技术

在数字图像领域，作为绝大多数相机的默认输出格式 JPEG（Joint Photographic Experts Group）已成为目前最主流的数字图像格式之一，这种格式也被各种图像编辑软件广泛支持。相应地，研究人员也提出了针对 JPEG 格式图像的一系列篡改检测方法。这些方法主要是利用 JPEG 压缩的有损特性，基于有损压缩向图像中引入一些痕迹去追溯图像各个区域的压缩历史，把压缩历史的差异作为取证依据。

在 JPEG 压缩过程中导致精度损失的主要原因是 DCT（Discrete Cosine Transform）系数量化和反量化步骤中的取整和舍入操作，图像的失真程度与量化过程中采用的量化步长密切相关。达特茅斯学院的 Farid 教授提出的 JPEG "幽灵"（JPEG Ghost）[57] 就是利用这一特点检测图像篡改：用不同的质量因子依次对一幅 JPEG 图像进行再次压缩，当第二次压缩的量化矩阵与第一次相同时，得到的新 JPEG 图像与原始 JPEG 图像差异最小。因此，当依次用不同质量因子对一幅 JPEG 图像进行多次压缩，如果某区域得到最小值时，所对应的量化步长与其他区域不同，则表明该区域来源于另一幅曾以不同质量因子压缩的 JPEG 图像，如图 1.3所示。其中，图 1.3（a）所示为一幅篡改过的 JPEG 图像，压缩质量因子为 95。图像红色框体内的区域来自另一幅压缩质量因子为 65 的 JPEG 图像。图 1.3（b）～图 1.3（j）所示分别为对图 1.3（a）所示的图像用不同的质量因子再次压缩后得到的新 JPEG 图像与原图像之差的绝对值图像。可以看到，篡改区域与原图的差异明显小于其他区域，且这一特点在双重压缩图像的质量因子为 65 时最为显著。Zach 等人在该方法的基础上进行了改进 [58]，改进后的方法能够自动检测 JPEG "幽灵" 的存在，不再依赖人眼辨识。

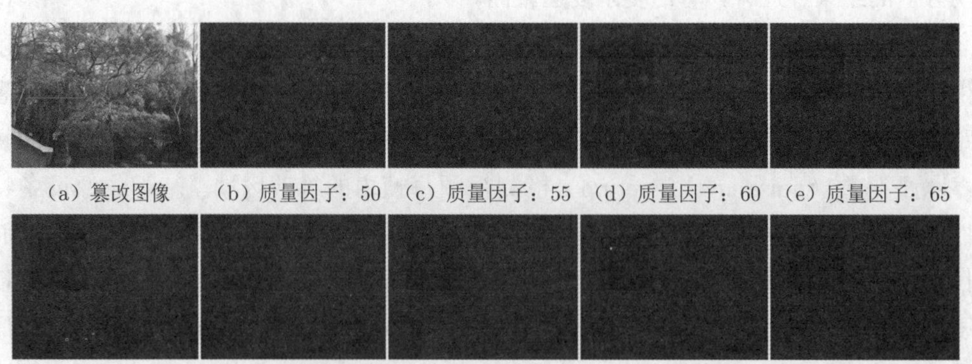

（a）篡改图像 （b）质量因子：50 （c）质量因子：55 （d）质量因子：60 （e）质量因子：65

（f）质量因子：70 （g）质量因子：75 （h）质量因子：80 （i）质量因子：85 （j）质量因子：90

图 1.3 JPEG "幽灵"

如果一幅 JPEG 图像在经过某些修改后，再次保存为 JPEG 图像，则伪造图像将经历两次或更多次的 JPEG 压缩。隐写分析领域的研究结果 [59,60] 表明，多次量化会导致 DCT 系数的分布发生异常。Popescu 和 Farid 在文献 [60] 中方法指出，双重 JPEG 压缩会导致 DCT 系数直方图中出现周期性的局部极值。JPEG 压缩的这一特性使得双重压缩可以通过频域峰值 [60] 或构造 DCT 系数直方图特征结合分类器 [59] 的方式进行检测。尽管双重压缩不一定表明图像的内容已经被篡改，但检测双重压缩的思想和相关成果却可以应用于 JPEG 图像的篡改检测和定位。在文献 [61] 中，Lin 等人提出了以下假说：在内容经过伪造的 JPEG 图像中，篡改区域经历一次 JPEG 压缩，而非篡改区域经历两次。Lin 等人指出，由于经历了双重压缩，非篡改区域对应的 DCT 系数直方图通常呈现出较强的周期性，而篡改区域的 DCT 系数则对应着较为随机的直方图。通过估计待检测图像的 DCT 系数直方图的周期，可以分别得到 DCT 系数在经历单次压缩和双重压缩情况下的近似分布，进而可计算出每一个 DCT 块被篡改的累积后验概率。由于 DCT 系数直方图是篡改分量和非篡改分量的混合，当篡改区域面积较大时，从直方图中估计得到的周期通常不准确。在文献 [61] 中提出的假说的基础上，文献 [62-64] 把待检测图像的 DCT 系数分布建模为一个混合模型 $p(X)$，该混合模型是一个对应着篡改区域的分布和一个对应着非篡改区域的分布的线性组合，如式（1.1）所示。

$$p(X) = \alpha \cdot p_T(X|Q_2) + (1-\alpha) \cdot p_U(X|Q_1, Q_2) \tag{1.1}$$

其中，α 为篡改过的 DCT 块在整幅图像 DCT 块中所占的比例；Q_1 和 Q_2 分别为首次和第二次压缩所采用的量化步长；$p_T(X|Q_2)$ 为篡改区域对应的 DCT 系数的分布，由于假设篡改区域只经历一次压缩，因此 p_T 是由 Q_2 确定的；$p_U(X|Q_1, Q_2)$ 则表示在首次量化步长为 Q_1、第二次量化步长为 Q_2 的条件下，非篡改区域的 DCT 系数分布。通过求解模型（1.1）中的参数 α 和 Q_1（Q_2 可以从文件头提取），可以确定 p_T 和 p_U 的分布，进而可以判断每个 DCT 块是否被篡改。文献 [62-64] 均采用期望-最大化（Expectation-Maximization，EM）算法求解 α 和 Q_1，但在求解过程中，却并未考虑式（1.1）中混合模型的特性和图像取证这一具体问题的特点，因而容易陷入局部最优解，但得到的 α 和 Q_1 往往不够准确的局面。

由于采用了分块的方式进行压缩，JPEG 图像中往往存在块效应（block artifact），如图 1.4 所示。一些方法利用块效应的不一致进行取证。一种思路是利用块效应的强弱不一致来检测篡改区域。文献 [65] 中方法在图像的各个局部区域估计量化步长，基于量化步长的估值构造度量块效应强弱的指标 BAM（Block Artifact Measure），当各区域的 BAM 不一致时，表明图像经过伪造。该方法假设已知图像中的可疑区域，因而具有较大的局限性：首先，伪造区域通常难以精确指定，因此针对各个区域的量化步长估值通常不够准确；其次，指定伪造区域需要人工干预。在篡改图像中，除了篡改区域和非篡改区域块效应强弱不一致之外，由于考虑到图像内容语义方面的因素，伪造区域在插入原始图像时，很难保证伪造区域与原始图像的 8×8 块效应网格恰好对齐，因此利用块效应不一致检测篡改的另一种思路是通过检测图像中是否存在错位的 JPEG 块效应网格 [66-68]，如图 1.5 所示，图中的红色网格为原始图像中的块效应网格，蓝色椭圆为篡改区域，椭圆内的实线为篡改区域的块效应网格。在图像自身内容的干扰下，特别是对于高质量图像而言，提取块效应网格这种微弱信号并非易事，因此这类方法通常只适用于网格效应明显的低质量 JPEG 图像。

图 1.4　JPEG 图像的块效应

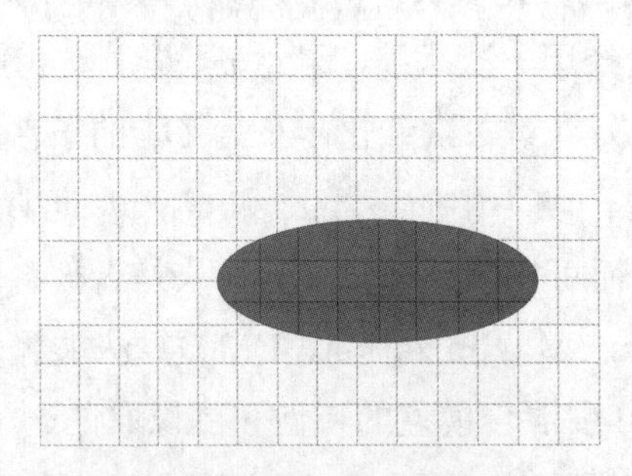

图 1.5　伪造图像中的块效应网格错位示意图

在数字视频领域，在常用的如 MPEG-2、MPEG-4 和 H.264 等压缩标准中，压缩过的视频码流中不保存原始的视频帧，而是将其转换为运动矢量、预测残差等数据以及帧类型、宏块类型等信息。这些数据和信息给取证工作开辟了一个新的视角。利用码流信息中的异常可以检测到原始的时空域无法发现的篡改痕迹。

Wang 和 Farid [69] 发现，在 MPEG-1 和 MPEG-2 编码的视频中，删除帧会导致 P 帧的预测残差出现周期性的增长，因此可以通过 P 帧预测残差均值的频域局部峰值检测删帧操作，如图 1.6 所示，其中每幅图的上半部分为 P 帧对应的预测残差均值序列，下半部分为各均值序列对应的傅里叶变换。

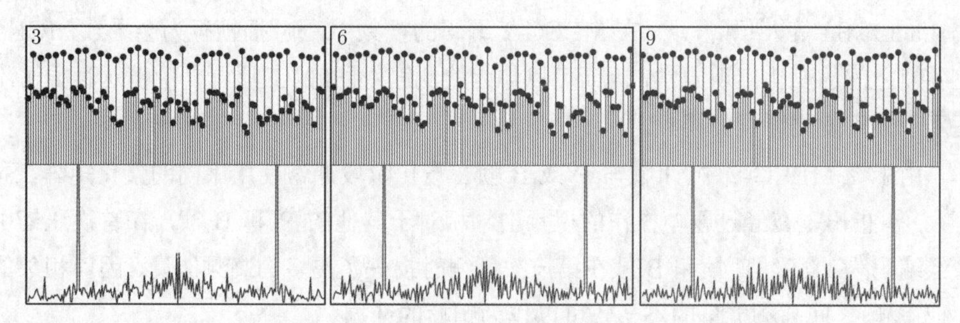

图 1.6 分别在视频中删除 3、6、9 帧后，P 帧对应的残差均值序列及其傅里叶变换 [69]

文献 [69] 中的方法依靠人工检测频域的峰值，且只能应用于以固定 GoP（Group of Picture）编码的视频。针对这些问题，Stamm 等人 [70] 对其进行了扩展，以假设检验的方式实现了自动的篡改检测。此外，扩展后的方法还能够应用于 GoP 自适应的视频。在文献 [71] 中，Liu 等人构造了时域和频域的特征，分别度量残差均值变化的周期性和频域中局部峰值的强弱，用来检测 H.264 编码的视频中的帧删除行为。该方法构造的时域特征未考虑残差均值增量的大小，从而会在一些特殊情况下导致误检，针对该问题，Kang 等人 [72] 对文献 [71] 中方法的时域特征进行了改进。

除了码流中残差的波动，宏块类型的变化也为取证提供了线索。在文献 [73] 中，Vazquez-Padin 等人指出，当采用不同 GoP 对视频进行重复压缩时，首次压缩中的 I 帧会被重新编码为 P 帧，这些由 I 帧转化而来的 P 帧中的 I 块数量会明显高于相邻的两个 P 帧，同时 S 块的数量也会明显低于相邻的两个 P 帧，因此，P 帧对应的 I 块和 S 块数量会呈现周期性变化。基于这种规律，Gironi 等人 [74] 改进了文献 [73] 中提出的周期性峰值检测方法，使之能够在经过删/插帧操作的视频中检测出异常的周期性波动。

上述方法都是基于码流信息的异常周期性波动检测删/插帧行为。其中文

献 [69-72] 中的方法能够判断视频是否经过篡改，但不能定位到篡改点，即删除或插入帧的位置。文献 [74] 中的方法也仅能够以较粗的粒度定位篡改点。此外，文献 [74] 中的方法依赖于过于严格的假设：首先，篡改前后两次压缩所使用的 GoP 不能相同，同时视频中只能包括 I 帧和 P 帧。

常用的视频编码标准中，I 帧都采用了类似 JPEG 的分块压缩方式，因此在 I 帧中也会存在块效应。在每个 GoP 内，随着运动补偿，块效应会在后续的 P 帧之间传播和累积，表现为结构化的高频噪声，即 MCEA（Motion-Compensated Edge Artifact）。Su 等人[75] 发现，在 MPEG-2 编码的视频中，删/插帧行为会导致 MCEA 在各帧之间的变化出现异常，因而可以作为检测删/插帧的工具[75,76]，但这种方法不适用于帧间变化缓慢的视频。

由于在 MPEG-2 中，I 帧与 P 或 B 帧在量化阶段通常使用不同的量化矩阵，Su 等人[77] 指出，在经过删帧操作的视频中，相对于其他的 P 和 B 帧，在首次压缩中曾经编码为 I 帧的 P 帧和 B 帧在第一次压缩时损失了更多的高频能量，因而相邻的 B 或 P 帧之间高频能量的不一致可以作为删帧的证据。

在文献 [78] 中方法，Shanableh 提出了一种基于机器学习的方法，该方法基于视频的预测残差、I 块数量比例、视频帧质量及量化因子等因素设计特征。类似文献 [69-72] 中方法提到的方法，该方法只能判断视频是否经过删/插帧操作，无法定位篡改点。

1.2.4 基于语义异常的篡改检测技术

现实世界中的目标要服从各种物理或几何等方面的约束。对于常规的图像或视频伪造手段而言，很难将伪造图像中的各个局部完美地合成为一个满足各种客观约束的整体，然而人类感官对这些自然约束却缺乏足够的敏感性[79]，因此需要相应的取证工具来检测这些线索。

在图像篡改检测中通常利用光照和阴影等线索进行篡改检测。

基于光影一致性的篡改检测：光照是照片中必然存在的成分，大多数情况下，阴影也会伴随光照出现。基于光影一致性的篡改检测方法把场景中光影的异常作为检测篡改的线索。在文献 [80] 中方法，Johnson 和 Farid 给出了通过单幅图像估计二维光照方向的方法，并以不一致的光照方向作为取证依据；此后，利用人眼几何形状的先验知识，该团队提出了利用人眼球上的高光区域推测三维光照方向的方法[81]；Saboia 等人[82] 指出，除了眼球上的镜面高光，所估计出的光照角度的标准差及相机的位置也是应当考虑的因素；在自然场景中，光照条件与时间和位置有着密切的联系。基于这种思路，文献 [83] 中的方法为利用带有地理信息的照片中的阴影和地理信息等线索计算太阳的方位角从而估算照片拍摄时间，通过与 EXIF（exchangeable image file format）中提取的时间相比较来检测照片的真实性。

针对文献 [80] 中提到的方法不能处理存在复杂光照的场景的问题，文献 [84] 中的方法则为利用球谐函数模型逼近任意光照环境，通过照片中的多个采样点估计光照模型参数，以模型参数的不一致作为取证依据。该方法在未知检测目标表面法线方向的情况下，只能估计出模型中的部分参数，为了解决这一问题，文献 [85] 中方法提出首先用曲面拟合的方式获得人脸表面几何信息，继而可计算出 3D 光照环境的方法。针对同样的问题，文献 [86] 提出了更为通用的方法，通过 Shape-From-Shading 技术来估计场景中物体表面的三维法向量。

从阴影入手的比较典型的案例是天津大学 Liu 等人 [87] 的工作，该团队通过全影和半影区的阴影着色值（shadow matte value）来描述阴影的颜色属性，如果多个阴影对应的阴影着色值不一致，则说明图像是合成的。

基于场景几何一致性的篡改检测：这类方法往往借助机器视觉中的方法，利用图像中关于几何元素的先验知识或人为标记等手段估计单应矩阵，从而恢复成像平面中的目标在原始空间中的几何关系，进而检测出违背几何约束（如尺寸、几何关系等）的现象。

场景中可用于估计单应矩阵的几何元素多种多样。文献 [88] 中的方法利用人的眼球在成像平面的投影的几何形状估计出投影对应的单应矩阵，从而获取相机的内部参数，进而计算出主点位置，由场景中多个人的眼球估计出的主点位置若偏离成像平面中心过大或估计出的多个主点之间差异较大，则说明图像经过篡改；文献 [89] 中的方法用名人不同角度的图片（名人各种不同角度和姿势的照片相对容易获得）作为参考，估计相机主点；Yao 等人 [90] 以场景中的消失线作为线索估计出照片中的取证目标在真实场景中的高度比，基于对常见物体高度关系的先验知识，通过异常的高度比检测伪造行为；文献 [91] 中的方法利用场景中存在的圆形相关的几何元素作为取证的依据；类似地，文献 [92] 中的方法则是用平行线等几何元素来估计灭点，从而估计出校正矩阵以便于恢复取证目标之间的几何关系；文献 [93] 中的方法利用场景中多个物体与其垂直的平面上对应的阴影顶点应满足平面同源性这一事实，指出光源、物体和阴影之间应满足的交比、共线性等几何约束；文献 [94] 中的方法针对存在镜面反射的照片进行取证，对镜面反射进行了建模，提出了存在镜面反射的场景应该满足的三个约束。

相对于图像而言，在视频中可获取更为丰富的物理和几何信息，因而也向场景中的目标引入了更为严格的约束。Conotter 等人 [95] 建立了抛物运动的轨迹及其在成像平面的投影模型，并基于该模型检测视频中进行抛物运动的目标的轨迹是否真实。Wang 和 Farid[96] 指出，在隔行扫描的视频中，短时间内，相邻的几个场间的目标运动速率与帧间的目标运动速率应该是近似的，所以目标运动速率在短时间内的强波动意味着视频经过篡改。遵循着这种思路，近几年一些方法利用光流 [97,98] 或速率场 [99] 跟踪帧间的运动，并把运动强度的突变作为取证的依据。

基于语义的篡改检测方法大多需要用户的交互，而用户交互操作的精度与检测结果的准确性密切相关，对用户交互的需要也使得这类方法无法应用在大规模检测的场合；此外，这类方法往往只适用于特定的场景（例如场景内同时出现多个圆形目标、存在多组共面平行线或多个可用阴影等），缺乏通用性。

1.2.5 基于通用模型的篡改检测技术

一些研究者认为，未经篡改的图像和视频是可建模的，篡改操作会导致媒体背离该模型。例如，Ng 等人 [100] 基于双相干（bicoherence）谱的统计特征构造了二类分类器，用于检测图像拼接行为。在同样的数据集上，Shi 等人 [101] 基于图像和图像的 DCT 变换以及小波变换低频子带的统计矩构建了自然图像的统计模型，实现了更好的检测性能。

1.3 图像及视频篡改的形式化分析

在讨论具体的数字图像和视频篡改检测技术之前，我们首先对典型的图像及视频篡改手段进行形式化的分析，目的是从更抽象和统一的视角去分析各种不同的篡改手段对媒体造成的影响，从而有助于厘清篡改检测方法的研究脉络。

图像和视频拍摄的内容是一组感知对象的组合：

$$O_1, O_2, \cdots, O_n \tag{1.2}$$

其中，n 为所拍摄的场景中感知对象的总数。这里的感知对象是指人类视觉感知系统分辨出的可感知单元，是具有明确语义的目标 [102]，例如场景中的一个人、一片草地、一把椅子或是天空、天空中的云，等等。对于视频而言，可以把某一段时间范围内的场景及其变化作为一个整体，那么视频中的一段帧序列所对应的内容也可以看作一个单一的感知对象。

在拍摄某一场景时，对目前的主流成像设备而言，场景反射的光线要穿过光学镜头、并经历光学滤波、激活感光器件、色彩插值及后处理等多个步骤，并最终以有损压缩的形式编码保存，如果把上述的每个步骤看作对光线的一次变换，并把整个流程抽象为某种广义的变换 $\mathcal{T}(\cdot)$，那么拍摄后得到的媒体就可以看作是式（1.2）中的感知对象经过变换 $\mathcal{T}(\cdot)$ 之后的结构化组合，即

$$\mathcal{T}(O_1), \mathcal{T}(O_2), \cdots, \mathcal{T}(O_n) \tag{1.3}$$

这里提到的结构化是指各感知对象是按照一定的空间/时间关系组合在一起的。从空域的角度，对图像（或是视频的一帧）而言，画面中的不同感知对象及这些感知对象在空间的绝对和相对位置构成了图像（或视频的一帧）的语义。从时域的角度，可以把视频的一段帧序列看作一个感知对象，多个感知对象在时间轴上的有序组合构成了视频的语义。从这个角度讲，感知对象的定义是递归的。如图 1.7 所示，感知对象的最高层次对应了一段完整视频的内容，即所拍摄场景中的目标和这些目标随时间的变化；次一层的感知对象对应着视频中的某一个片段，即一段帧序列；再次一层对应帧序列中的一帧或一幅图像，这一层次为拍摄场景中的所有目标在某一时刻的状态；图像或视频的一帧可进一步分解为一些具体的宏观目标，如人物、车辆等；任意一个宏观目标，最终又可分解为一组局部结构。尽管局部结构仍可继续细分为像素点，但考虑到单独的像素点不具有任何实际意义，本书将局部结构看作最底层的感知对象。

篡改图像或视频，就是破坏图像或视频中的感知对象的感知属性（如形状、质地、姿态等）或对象之间的相互关系，从而达到改变图像或视频的语义的目的。从篡改可能达到的效果来看，可以包括以下几种。

（1）复制图像或视频中的某个或某些感知目标。这种情况可以表示为

$$\begin{aligned}&\mathcal{T}(O_1), \mathcal{T}(O_2), \cdots, \mathcal{T}(O_{i-1}), \mathcal{T}(O_i), \mathcal{T}(O_{i+1}), \cdots, \mathcal{T}(O_j), \mathcal{T}(O_{j+1}), \cdots, \mathcal{T}(O_n) \to \\ &\mathcal{T}(O_1), \mathcal{T}(O_2), \cdots, \mathcal{T}(O_{i-1}), \mathcal{T}(O_i), \mathcal{T}(O_{i+1}), \cdots, \mathcal{T}(O_j), \mathcal{T}(O_i), \mathcal{T}(O_{j+1}), \cdots, \mathcal{T}(O_n)\end{aligned} \tag{1.4}$$

其中，$x \to y$ 表示 x 被改变为 y。在式（1.4）中，媒体中的感知对象 $\mathcal{T}(O_i)$ 被拷贝到媒体中的其他位置。对于图像（或视频的一帧）而言，这种篡改可以通过图像区域拷贝实现，如图 1.8所示。

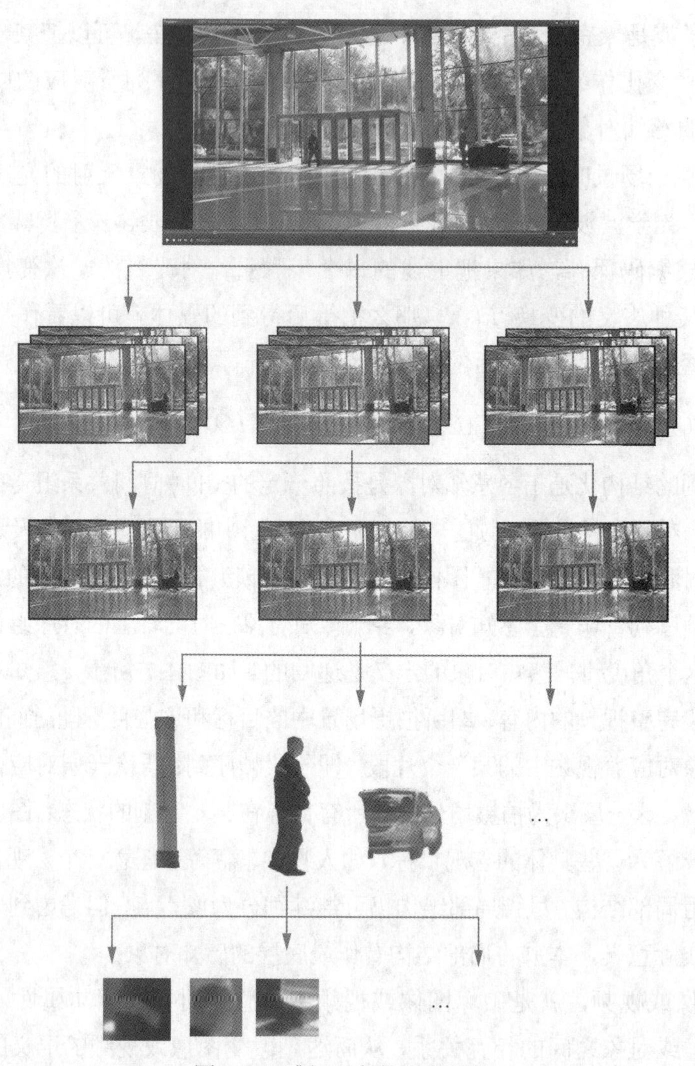

图 1.7 感知对象的递归结构

图 1.8 利用图像区域拷贝对图像进行篡改

若将视频的一段帧序列作为一个感知对象，篡改者可以将这段视频帧序列拷贝并复制到视频时间轴的其他位置。电影《生死时速》中有一个生动的例子。如图 1.9 所示，主角用一段近似静止的镜头替换掉实时的监控视频帧，从而掩护了公交车上实施的营救行动。等到犯罪分子发现画面异常时为时已晚。

图 1.9　电影“生死时速”中的帧拷贝篡改实例 [103]

需要注意的是，在篡改操作后，$\mathcal{T}(O_j)$ 和 $\mathcal{T}(O_{j+1})$ 分别被改写为 $\widetilde{\mathcal{T}(O_j)}$ 和 $\widetilde{\mathcal{T}(O_{j+1})}$，表示在伪造区域附近，与伪造对象 $\mathcal{T}(O_i)$ 相关联的某些感知对象在篡改过程中也产生了某些变化。例如在图 1.8 中，伪造区域中原本的树枝被拷贝的樱桃（黄色和红色实线椭圆内）遮挡了一部分。

（2）移除图像或视频中的某个或某些感知目标，即

$$\begin{aligned}&\mathcal{T}(O_1),\mathcal{T}(O_2),\cdots,\mathcal{T}(O_{i-1}),\mathcal{T}(O_i),\mathcal{T}(O_{i+1}),\cdots,\mathcal{T}(O_n)\rightarrow\\&\mathcal{T}(O_1),\mathcal{T}(O_2),\cdots,\widetilde{\mathcal{T}(O_{i-1})},\widetilde{\mathcal{T}(O_{i+1})},\cdots,\mathcal{T}(O_n)\end{aligned}\tag{1.5}$$

在式（1.5）中，媒体中的感知对象 $\mathcal{T}(O_i)$ 在篡改过程中被移除。对图像（或视频的一帧）而言，这种效果可以通过图像区域拷贝、基于样例的图像修复技术 [104] 或高强度的内容保持性操作实现，对视频而言，可以通过视频帧拷贝或删帧操作实现。上述几种情况相应的实例分别如图 1.10～ 图 1.13 所示。在图 1.10 中，篡改者复制画面左侧的茂密树丛并拷贝到图像中心附近的白色建筑的位置，遮挡了该建筑。图 1.11 中的人物被基于样例的修复技术删除。图 1.12 所示的卫星遥感图中，利用高斯模糊，左图中红色椭圆标出的建筑被删除。图 1.13 给出了以视频帧序列为感知对象单元进行篡改的实例：篡改者可以将记录了某人从镜头前经过的视频帧序列删除，或用同一摄像头拍摄的一段不存在任何活动的静止场景替换要删除的帧序列，从而将相应的事件从视频中移除。

（3）改变图像或视频中的感知对象在空间或时间的位置。

$$\begin{aligned}&\mathcal{T}(O_1),\mathcal{T}(O_2),\cdots,\mathcal{T}(O_{i-1}),\mathcal{T}(O_i),\mathcal{T}(O_{i+1}),\cdots,\mathcal{T}(O_j),\mathcal{T}(O_{j+1}),\cdots,\mathcal{T}(O_n)\rightarrow\\&\mathcal{T}(O_1),\mathcal{T}(O_2),\cdots,\widetilde{\mathcal{T}(O_{i-1})},\widetilde{\mathcal{T}(O_{i+1})},\cdots,\widetilde{\mathcal{T}(O_j)},\mathcal{T}(O_i),\widetilde{\mathcal{T}(O_{j+1})},\cdots,\mathcal{T}(O_n)\end{aligned}\tag{1.6}$$

图 1.10 利用图像区域拷贝移除感知对象

图 1.11 利用基于样例的图像修复技术移除感知对象

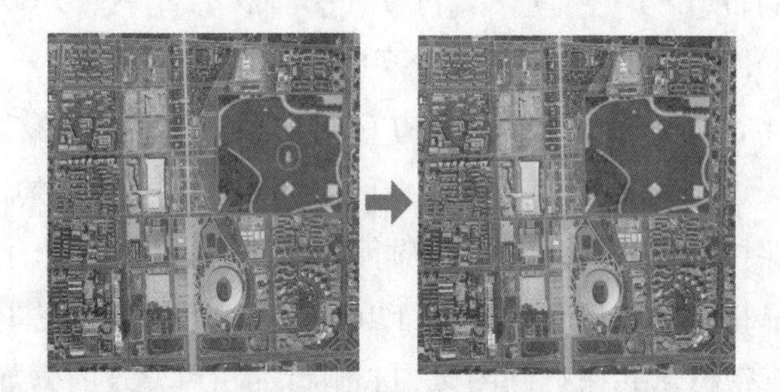

图 1.12 利用高斯模糊移除感知对象

图 1.13 利用帧删除或帧拷贝移除感知对象

对应于式（1.6）情况的图像篡改实例如图 1.14 所示。其中，左图是穆巴拉克在白宫参加中东和平会谈的原始照片，右图为埃及的金字塔日报刊登的伪造照片。在伪造图像中，穆巴拉克被移动到了其他领导人前方。

图 1.14 改变图像中感知对象的位置

当把视频帧序列作为感知对象时，可以将视频中对应某事件（如图 1.13 中，人物路过镜头监控区的事件）的帧序列移动到时间轴的其他位置，这本质上是一系列的删帧和插帧操作。

（4）向图像（或视频帧）中引入新的感知对象。

$$\begin{aligned}&\mathcal{T}(O_1),\mathcal{T}(O_2),\cdots,\mathcal{T}(O_i),\mathcal{T}(O_{i+1}),\cdots,\mathcal{T}(O_n)\rightarrow\\&\mathcal{T}(O_1),\mathcal{T}(O_2),\cdots,\widetilde{\mathcal{T}(O_i)},\hat{\mathcal{T}}(O_{n+1}),\widetilde{\mathcal{T}(O_{i+1})},\cdots,\mathcal{T}(O_n)\end{aligned}\tag{1.7}$$

其中，$\hat{\mathcal{T}}(O_{n+1})$ 为篡改者向媒体中加入的感知对象。图 1.15 示出了用图像拼接方式得到的篡改实例。需要注意的是，篡改所引入的新感知对象（图 1.15 中的女性人物）所经历的拍摄条件和处理流程几乎不可能与原始图像完全一致，因此引入的新感知对象所经历的变换与原始图像中的各感知对象所经历的变换在绝大多数情况下应该是不同的，故将引入的新感知对象经历的变换记为 $\hat{\mathcal{T}}(\cdot)$。

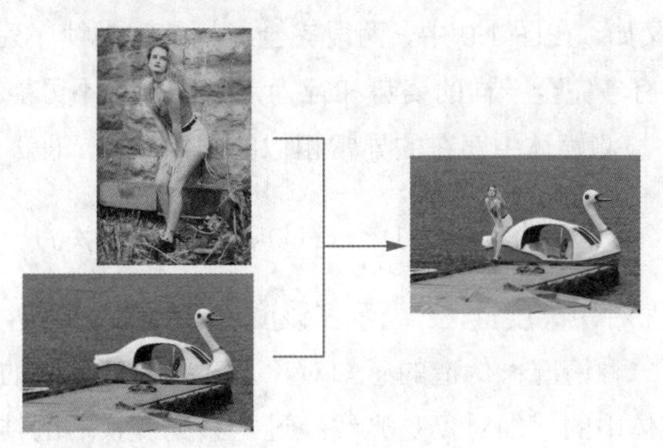

图 1.15 图像拼接示意图（图像选自 CASIA TIDE 2.0[105] 数据集）

上述四种情况涵盖了图像和视频篡改最基本、最典型的几种手段，基于上述手段的合理组合，可以实现更为复杂的篡改效果，例如向图像中加入新的感知对象，并通过内容保持操作（如模糊）消除伪造区域边缘的篡改痕迹，或在考虑内容连贯性的前提下向视频的一段帧序列中的每一帧内加入新的感知对象。本书将在 1.4 节中基于篡改模型对篡改检测技术展开分析，并建立篡改检测技术的理论模型。

1.4 图像及视频篡改检测理论模型

在 1.3 节中，本书将图像及视频建模为如式（1.3）所示的感知对象经过变换 $\mathcal{T}(\cdot)$ 之后的结构化组合，并将几种典型的篡改对媒体的影响建模为如式（1.4）～式（1.7）所示的感知对象的变化。从模型的形式上分析，篡改行为在媒体中留下的痕迹可归结为以下两种情况。

（1）篡改导致媒体中出现有违常识的、过于相似的感知对象。

（2）篡改导致伪造的感知对象及某些与其关联的感知对象所经历的变换链被破坏。

首先讨论媒体中出现有违常识的过于相似的感知对象的情况。在式（1.4）中，感知对象 $\mathcal{T}(O_i)$ 在不同位置重复出现。当采用区域拷贝或帧拷贝等手段对媒体进行篡改时，尽管基于非同源素材很容易得到在光照、色彩、透视等方面比较协调的伪造图像或视频，但伪造媒体中却会出现这种感知对象过于相似的情况。这种相似性是异常的、有违常识的。例如在图 1.1 所示伊朗伪造的导弹发射照片中，两枚导弹及其尾焰以及下方烟尘几乎完全相同，而在现实世界中，出现如此一致的尾焰和烟尘的概率几乎为 0。又如，在图 1.9 中，两段完全一样的视频帧序列代表着汽车里的人物在不同的时间段有着完全一样的姿势和行为，这同样是不可能发生的事件。因此，可以通过式（1.8）检测媒体中存在的异常相似的感知对象，即

$$\mathcal{D}(\mathcal{T}(O_i),\mathcal{T}(O_j)) < \varepsilon,(1 \leqslant i,j < n, i \neq j) \tag{1.8}$$

其中，$\mathcal{D}(\cdot,\cdot)$ 表示某种距离度量，ε 表示在该度量下的某个阈值。

接下来讨论第二种情况：伪造的感知对象及某些与其关联的感知对象所经历的变换链被破坏。媒体中的感知对象是光线经过一系列变换后的结果，前文始终把光线所经过的变换抽象为一个统一的广义变换 $\mathcal{T}(\cdot)$，但从光线实际经历的变换来看，

$\mathcal{T}(\cdot)$ 可以分解为多个连续的独立变换，这些独立的变换分别对应着成像过程中的每个环节，如镜头畸变、光学滤波、光电转换、色彩插值及后处理、压缩编码等，因此式（1.3）可进一步改写为

$$T_k(T_{k-1}(\cdots T_1(O_1))), T_k(T_{k-1}(\cdots T_1(O_2))), \cdots, T_k(T_{k-1}(\cdots T_1(O_n))) \tag{1.9}$$

其中，$T_k(T_{k-1}(\cdots T_1(\cdot)))$ 为一组有序的变换，这组变换在效果上与 $\mathcal{T}(\cdot)$ 等价，k 为成像过程中光线所经历的变换总数，本书将 $T_k(T_{k-1}(\cdots T_1(\cdot)))$ 定义为某个感知对象所经历的变换链。

在实际的篡改检测场景中，检测者对于观察到的感知对象所经历的变换是未知的，即

$$\mathcal{T}^{U_1}(O_1), \mathcal{T}^{U_2}(O_2), \cdots, \mathcal{T}^{U_n}(O_n) \tag{1.10}$$

其中，$\mathcal{T}^{U_i}(O_i), (1 \leqslant i \leqslant n)$ 表示对应于感知对象 O_i 的未知变换。

在这种情况下，检测者需要根据观测到的感知对象，推断出该感知对象所经历的变换链的某个环节。若发现同一场景中的不同感知对象在该环节所经历的变换不一致，则表明媒体遭到了篡改。上述情况可以表示为

$$\mathcal{D}(T_m^{U_i}(\cdot), T_m^{U_j}(\cdot)) > \varepsilon, (1 \leqslant i, j \leqslant n, i \neq j) \tag{1.11}$$

其中，$T_m^{U_i}(\cdot)$ 为检测者观察到的感知对象 O_i 所经历的未知变换链

$$T_k^{U_i}(T_{k-1}^{U_i}(\cdots T_m^{U_i}(\cdots T_1^{U_i}(\cdot)))) \tag{1.12}$$

中的第 m 个变换。

至此，我们得到了篡改检测理论模型的两个部分。考虑到待检测图像中感知对象所经历的变换是未知的，首先将式（1.8）改写为

$$\mathcal{D}(\mathcal{T}^{U_i}(O_i), \mathcal{T}^{U_j}(O_j)) < \varepsilon, (1 \leqslant i, j < n, i \neq j) \tag{1.13}$$

本书将图像及视频的篡改检测建模为如图 1.16 所示的“描述 $\longrightarrow$ 发现”的过程：对于待检测的媒体，即感知对象的结构化组合 $\mathcal{T}^{U_1}(O_1), \mathcal{T}^{U_2}(O_2), \cdots, \mathcal{T}^{U_n}(O_n)$，我们首先找到某种特征，用以描述媒体中的感知对象或感知对象所经历的变换链中的某个环节，进而通过匹配或校验的方式发现媒体中异常相似的感知对象（$\mathcal{D}(\mathcal{T}^{U_i}(O_i), \mathcal{T}^{U_j}(O_j)) < \varepsilon$）或某些感知对象经历了与其他感知对象不一致的变换链（$\mathcal{D}(T_m^{U_i}(\cdot), T_m^{U_j}(\cdot)) > \varepsilon$）。

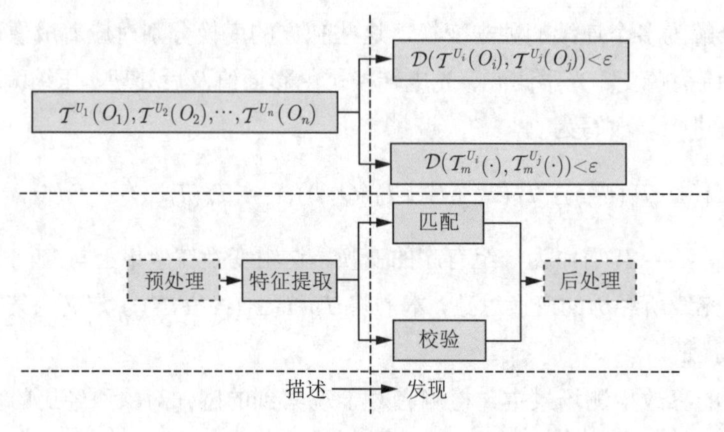

图 1.16　数字图像及视频篡改检测理论模型

基于篡改检测模型的第一部分，$\mathcal{D}(\mathcal{T}^{U_i}(O_i),\mathcal{T}^{U_j}(O_j))<\varepsilon$，可以检测图像区域拷贝和视频帧拷贝等篡改行为。对图像区域拷贝检测而言，是采用自底向上的方式，首先建立底层感知对象（即特征点支持区域或图像块等局部结构）之间的匹配关系，再用紧凑性、变换一致性、最小匹配数量、最小篡改面积等约束隐式地保证建立匹配关系的局部结构不是无意义的分散结构，而是有意义的宏观感知对象。以基于特征点的方法为例，在文献 [25,38] 中，Amerini 等人提出对建立匹配关系的特征点进行层次聚类后，在各个聚类间利用 RANSAC（RANdom SAmple Consensus）算法估计特征点集合间的仿射变换，然后只把符合一致仿射变换模型的匹配点对保留，其他的特征点则作为误匹配删除，该方法的框架如图 1.17 所示。在这一过程中，层次聚类保证了特征点之间的紧凑性，即保证检测到的异常相似区域是有意义的连通区域；一致的仿射变换保证了两组匹配的局部结构有一致的空间位置关系，如图 1.18 所示：其中红色和蓝色“+”标志分别代表拷贝源区域和目的区域内已经建立匹配关系的特征点，绿色的“+”则代表拷贝区域外偶然具有相似局部结构的特征点，虚线表示特征点之间的匹配关系。在拷贝区域内，成功建立匹配关系的特征点分布比较密集，而拷贝区域外偶然建立匹配关系的特征点则随机分布。此外，源区域中所有特征点与其目的区域中匹配的特征点之间都遵循相同的仿射变换（这里是相同的水平和垂直位移），这种约束保证了源区域和目的区域内的特征点之间的相对位置是一致的。

在视频帧拷贝检测中，以视频帧序列作为感知对象单元，此时可以把帧序列中的一帧视为图像中某一宏观感知对象的局部结构。在进行帧序列匹配时，不同帧序列各帧之间一一对应的顺序匹配实际上等同于图像区域拷贝检测中的局部结构的匹配，当两段帧序列中所有的视频帧都逐一吻合时，说明两个感知对象是雷同的。

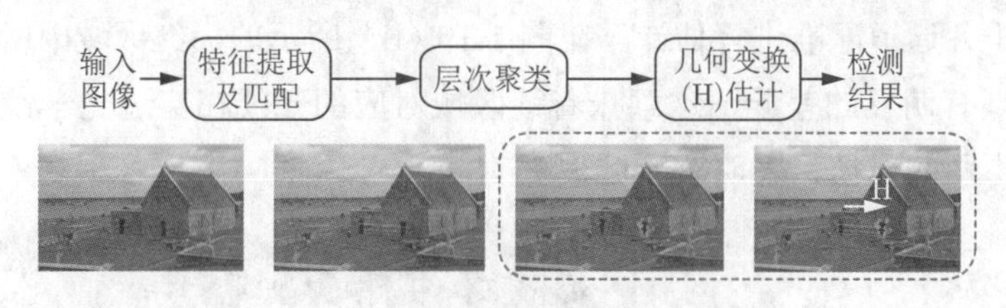

图 1.17 Amerini 等人的方法框架 [25]

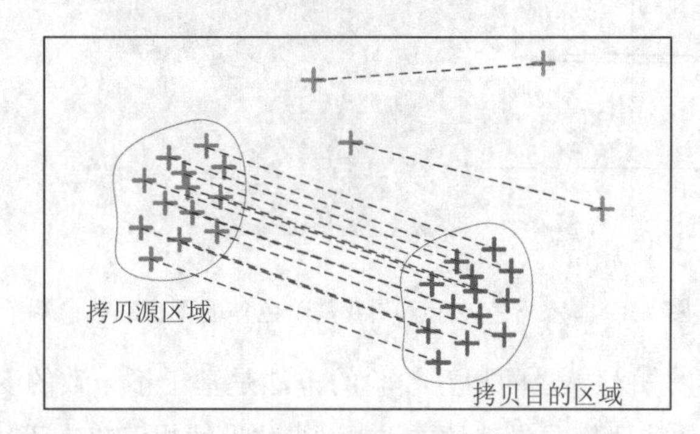

图 1.18 拷贝源区域和目的区域内的特征点对所遵循的几何约束

需要注意的是，视频篡改中的静止场景拷贝是一种特殊的帧拷贝行为，因为从内容的角度讲，静止场景的所有帧都是一致的，不具区分性，所以这种行为无法基于异常的相似性进行检测，但是由于帧拷贝的过程中必然涉及插帧操作（无论是替换还是直接插入都是将新的内容插入帧序列中），这种操作可以从不一致的变换链的角度进行检测。

篡改检测模型的另一部分，$\mathcal{D}(T_m^{U_i}(\cdot), T_m^{U_j}(\cdot)) > \varepsilon$，可以用来检测任何改变了图像或视频局部区域的操作，如图像拼接、局部的滤波或视频删/插帧等。本书在 1.2.2 节 ~1.2.5 节中回顾的几类方法均可归结为此类，下面分别举例分析。

1. 基于成像设备特性的篡改检测技术

这类方法关注的是成像设备内部的变换环节。以基于色差的方法 [48] 为例，光线经过镜头发生折射，即对光线的一次变换。在未经篡改的图像的各个颜色通道中，不同的感知对象所对应的折射率（即变换参数）应该是一致的。尽管从一幅图像中无法估计某个颜色通道对应的折射率，但由于不同波长的光在穿过镜头时的折射率不同，造成了如图 1.19（a）所示的水平色差现象，在未经篡改的图像中，不同感知对象的各颜色通道之间的水平色差模型也应该是一致的，并且各感知对象区域的水平色差可以基于各通道配准进行估计。在图 1.19（b）所示的标红区域中所估计出的色差与其他区域有明显的差异，这意味着该区域对应的光线在穿过光学镜头时经历了与其他区域不同的变换，表明该区域被篡改。

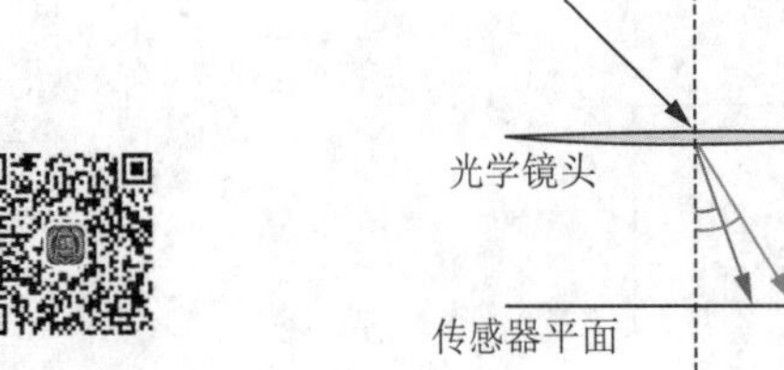

（a）

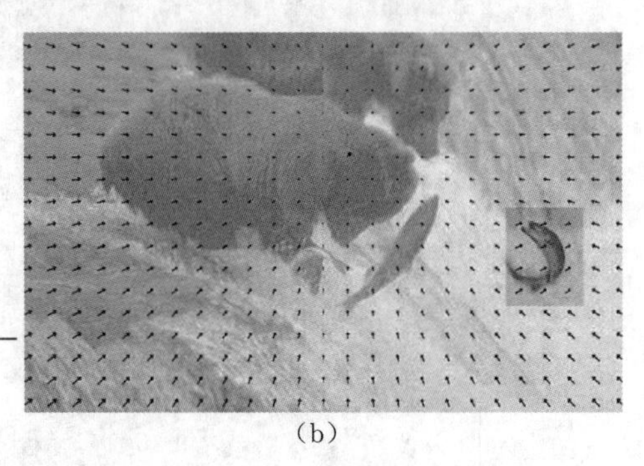

（b）

图 1.19 水平色差示意图及基于色差的图像篡改检测

上述基于不同感知对象之间相互校验的方法是基于不一致的变换链检测篡改的典型思路。但基于传感器模式噪声的方法 [51,52] 与上述思路略有不同。基于传感器模式噪声的方法在已知成像设备的前提下，利用该设备拍摄一组未经篡改的图像作为训练集，获得该设备对应的模式噪声模板，即首先获得未经篡改的变换是怎样的，在篡改检测时，是以该模板与待检测图像对应的模式噪声相互校验。

2. 基于文件格式特性的篡改检测技术

对图像和视频进行压缩编码的过程本身就是一个对感知对象以图像块或 GoP 为单元进行变换的过程。

比如 JPEG 编码中，量化是一个多对一的映射过程。若某个感知对象所在区域与其他区域对应了不同的量化参数，说明该感知对象在量化阶段经历的变换是不同于其他区域的。文献 [57,58,61-64] 中方法均是从不同的角度去检验各个感知对象所经历的量化参数是否一致。

又如在视频编码中，MPEG-2、MPEG-4 和 H.264 等主流编码标准都以 GoP 为单元对视频帧进行分组变换。在分组变换的过程中，每个 GoP 内，任一 P 帧都是以其参考帧为基准进行预测编码的，在编码之后，该 P 帧已经与其参考帧之间产生了一定的相关性。当删除或插入某些帧之后，再次对视频进行编码时，若 GoP 被破坏，则原始视频中位于篡改点之后的 P 帧的参考帧就发生了变化，而篡改点之前 P 帧的参考帧则保持不变。因此可以认为在第二次编码中，篡改点之后的 P 帧与篡改点之前的 P 帧经历了参数不同的变换，其具体表现可以是篡改点之后的 P 帧的预测残差出现了周期性的增长[69-72]。

3. 基于语义异常的篡改检测技术

以基于场景几何一致性的方法为例。真实世界的三维场景映射到二维的成像平面是一个投影变换的过程。场景中所有的几何元素均应服从统一的投影变换模型，该变换模型对场景中的几何元素形成了一定的约束。例如原始场景中的一组平行线应相交于灭点[90,92]、每个成像平面有唯一的主点[88,89]等。违背该约束的几何元素意味着相应的感知对象经历了不同的几何变换。

4. 基于通用模型的篡改检测技术

这类方法通常是分别以一组经过篡改和一组未经篡改的图像作为训练集，提取某种高维特征来构造分类器。这种思路可以看作基于高维特征来描述被篡改和未被篡改的图像所经历的变换模型，在篡改检测时，不是基于局部之间的校验，而是检验测试样本更接近哪一种变换对应的模型。

1.5 本书主要内容及结构

尽管图像及视频篡改检测技术在近 20 年的发展历程中已取得了诸多突破，但还远未达到成熟的程度。本书围绕图像及视频篡改检测理论模型中的特征构造、匹配和校验方法等关键技术，讨论篡改检测技术的若干可行研究方向及具体方法。

在篡改模型的第一部分，即式（1.13）中，涉及媒体中任意两个变换后的感知对象 $\mathcal{T}^{U_i}(O_i)$ 和 $\mathcal{T}^{U_j}(O_j)$ 之间的对比。在各种具体实现中，实际上是对感知对象的局部特征进行匹配。这就要求特征匹配方法是有效的。但在基于特征点的图像区域拷贝检测中，目前普遍采用的 g2NN 特征匹配方法会遗漏大量实际匹配的特征对。针对该问题，本书讨论如何在保持 g2NN 方法一对多匹配能力的前提下，解决多个高度相似特征共存时匹配过程失效的问题。

应该意识到，在式（1.13）中，变换 $\mathcal{T}^{U_i}(\cdot)$ 和 $\mathcal{T}^{U_j}(\cdot)$ 大多涉及有损压缩，还可能包含篡改者为了避免被检测而向伪造内容中加入的额外攻击（如噪声等）。因此在检测异常相似性的过程中，感知对象的匹配方法还应该是鲁棒的。针对现有的视频帧拷贝检测方法鲁棒性不足的问题，本书讨论适用于降质视频的视频帧序列匹配方法，以提高在复杂情况下（如多次有损压缩或人为增加的噪声等）的帧拷贝检测性能；另一方面，当 $\mathcal{T}^{U_i}(\cdot)$ 和 $\mathcal{T}^{U_j}(\cdot)$ 中不存在导致感知对象显著降质的因素时，如何在保证篡改检测能力的前提下，降低帧拷贝检测的时间开销，也是值得考虑的问题。

对于待检测的媒体 $\mathcal{T}^{U_1}(O_1), \mathcal{T}^{U_2}(O_2), \cdots, \mathcal{T}^{U_n}(O_n)$，篡改行为涉及的感知对象的位置和外观均是未知的，因此用于描述感知对象局部结构的特征应该对媒体中的感知对象具有足够的覆盖率和描述能力。针对基于特征点的图像区域拷贝检测方法对平滑区域拷贝行为检测能力弱的问题，本书研究如何在不显著增加时间开销的情况下，提高特征点在平滑区域，特别是小面积平滑区域内的覆盖率，以及如何提升局部特征在平滑区域内的区分性这两个问题。

对于式（1.11），在已确定要关注媒体所经历的整个变换链中的哪个环节的前提下，为了准确地检测出某个感知对象在该环节是否经历了与其他感知对象不一致的变换，可以从以下两个方面入手。

一方面是把媒体中各感知对象经历的变换估计得更为准确。在基于 DCT 系数分析的图像篡改检测方法中，关注的对象是每个 DCT 块所经历的压缩历史是否一致，并以 DCT 系数的分布作为特征度量压缩过程中采用的量化参数。DCT 系数分布的估计依赖于首次量化步长和篡改区域比例这两个参数。现有的方法对这两个参数的估值不够准确，造成该问题的一个主要原因是现有的方法普遍把式（1.1）作为一个普通的参数估计问题，以全盲的方式求解，却很少有文献讨论：在估计参数的过程中，待检测对象自身是否具有对问题求解有益的特性或约束？若有，在补充额外的边界条件的情况下，混合模型的求解方式是否发生变化？回答上述两个问题，无疑对提高篡改检测的准确率是有帮助的。

另一方面是选择更为合适的特征，以便更准确、可靠地体现不同感知对象所经历的变换的差异。现有的视频删/插帧检测方法不能保证稳定的检测性能和准确的篡改定位能力，本书在码流信息层面讨论了删/插帧操作对视频造成的影响，并给出了能够反映出码流异常的更为可靠的特征及相应的校验方法。

本书的结构如图 1.20 所示。

本书首先以形式化的方式讨论了篡改手段对媒体的影响，进而对图像及视频的篡改检测进行了建模。该模型包括两个方面：一是检测媒体中是否存在异常相似的

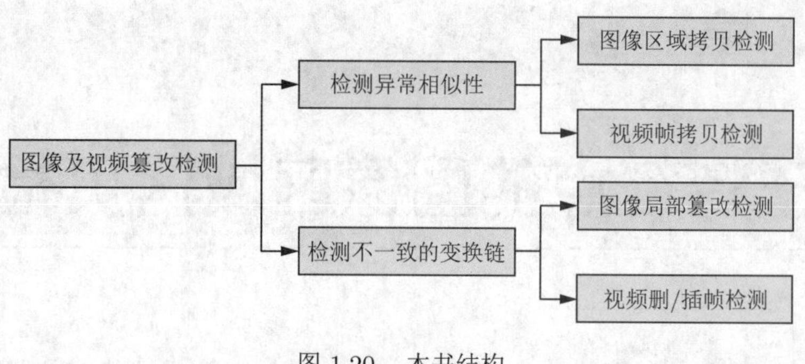

图 1.20　本书结构

感知对象；二是检测媒体中是否有某些感知对象经历了与其他感知对象不一致的变换链。对于篡改检测模型的两个方面，本书分别针对相应的图像篡改检测和视频篡改检测进行了讨论：在检测异常相似的感知对象方面，本书分别讨论了图像区域拷贝检测和视频帧拷贝检测；在检测不一致的变换链方面，本书分别在图像和视频部分讨论了图像局部篡改检测和视频删/插帧检测。

第 2 章

基于特征点的图像区域拷贝检测

2.1 引言

图像区域拷贝（region duplication，或拷贝-移动，copy-move）是将图像中某些感知对象复制到需要遮蔽的区域，以达到掩盖或夸大事实的目的。图像区域拷贝是篡改图像最简单有效的手段。由于被篡改区域的内容来自图像自身，在光照、色调、透视等方面与整幅图像较为协调，因此篡改者很容易得到在视觉效果上自然真实的图像。

在检测区域拷贝行为时，式（1.13）

$$\mathcal{D}(\mathcal{T}^{U_i}(O_i), \mathcal{T}^{U_j}(O_j)) < \varepsilon,\ (1 \leqslant i, j < n, i \neq j)$$

中感知对象的匹配实际上是以自底向上的方式实现的。匹配的单元是图像中宏观感知对象的局部结构。在建立局部结构之间的匹配关系后，再通过紧凑性等约束保证有意义的连通区域间建立匹配关系。在对感知对象的局部结构进行匹配的过程中涉及两个关键问题。

首先，怎样在局部结构对应的特征之间建立匹配关系？显然，检测者希望建立匹配关系的特征尽可能接近真实情况，即足够全面且有较少的误匹配。然而，在基于特征点的区域拷贝检测方法中，当特征空间中存在多个高度相似的特征时，现有的特征匹配方法会遗漏大量实际上本应建立匹配关系的特征对，该问题在伪造图像中存在如图 2.1 所示的多重粘贴的情况下尤为突出，这里多重粘贴指篡改者对同一目标（松树）进行了多次复制。针对该问题，本章讨论基于有序序列聚类的特征匹配方法。

其次，拷贝行为涉及的感知对象 $\mathcal{T}(O_i)$ 和 $\mathcal{T}(O_j)$ 的位置和外观都是未知的，因此在进行篡改检测时，应保证选择的局部结构和相应的特征具有足够的覆盖率和描

图 2.1　多重粘贴篡改实例

述能力。由于常规的特征点通常位于纹理丰富区域，现有的基于特征点的区域拷贝检测方法大多无法检测平滑区域，特别是小面积平滑区域的拷贝行为。若采用类似基于块的方法中的密集采样模式，特征点方法则失去了其运行速度快的优势。此外，在平滑区域，目前常用的基于梯度的局部特征的区分性也无法保证。针对此问题，本章讨论层次化的特征点检测结合特征融合的区域拷贝检测方法。

下面分别对上述两部分工作详细阐述。

2.2　基于有序序列聚类的特征匹配方法

2.2.1　现有特征匹配方法缺陷分析

在基于特征点的方法中，基于不同局部图像结构构造的局部特征向量具有不同的区分性，因此使用固定的距离阈值作为特征匹配的依据并不合适。Lowe 在文献 [37] 中方法提出，合格的匹配特征对之间的距离应远小于随机特征对之间的距离，即对一幅输入图像 I，记 I 中检测到的特征点集合及其对应的特征集合分别为

$$P = \{p_1, p_2, \cdots, p_i, \cdots, p_n\} \tag{2.1}$$

和

$$F = \{f_1, f_2, \cdots, f_i, \cdots, f_n\} \tag{2.2}$$

对任一 $f_i \in F$，假设

$$N = \{n_{i,1}, n_{i,2}, \cdots, n_{i,k}\} \tag{2.3}$$

为 f_i 在特征空间中的前 k 个最近邻居，令

$$D = \{d_{i,1}, d_{i,2}, \cdots, d_{i,k}\} \tag{2.4}$$

为相应的距离集合，只有满足

$$d_{i,1}/d_{i,2} < T,\ T \in [0,1] \tag{2.5}$$

时，才认为 $n_{i,1}$ 是 f_i 的一个合格匹配特征（文献 [25] 中方法称之为 2NN 方法）。由于 2NN 只考虑一对一的匹配，无法处理多重粘贴的情况，因此研究人员在文献 [25] 中将其扩展为 g2NN，其做法是在距离序列中迭代测试，直到不满足 $d_j/d_{j+1} < T$ 这一条件，然后把 f_i 的前 $j-1$ 个最近邻都认为是 f_i 的合格匹配特征。通常情况下，g2NN 具备检测多重粘贴的能力，但 g2NN 的有效性依赖于一个潜在假设：即使对应于近似相同的局部结构，特征向量之间也有足够的差异。实际上，在多重粘贴的场景中，特征空间中会同时存在多个极为近似的特征，此时 g2NN 所依赖的假设便会失效。如图 2.2 所示，其中 A, B, C 和 D 是二维特征空间中的 4 个点，假设 $D \sim A$, $D \sim B$ 和 $D \sim C$ 之间的距离为

$$\delta_i = t_i d_i,\ i = 1, 2, 3,\ t_i > 1/T \tag{2.6}$$

其中，d_1, d_2 和 d_3 分别是 $A \sim B$，$A \sim C$ 和 $B \sim C$ 之间的距离，那么根据 2NN 方法的标准，A, B 和 C 应互为彼此的合格匹配特征。然而，当 A, B 和 C 过于相似时，采用 g2NN 方法却无法建立这三点之间的匹配关系。以 A 点为例，假设

$$d_3 = d_2 = td_1, T \leqslant t \leqslant 1 \tag{2.7}$$

那么，在 g2NN 测试的最开始就会发现有

$$d_2/d_1 = t \geqslant T \tag{2.8}$$

此时 g2NN 的迭代停止，从而 $A \sim B$ 和 $A \sim C$ 之间的匹配关系都不会建立。实际上，上述情况并不只出现在多重粘贴的场景中，诸如平滑和 JPEG 压缩等各种图像处理手段都会引起特征空间中增加过于近似的特征。

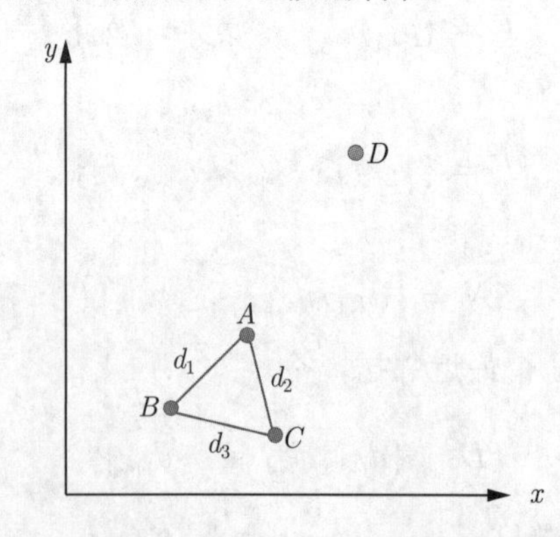

图 2.2 g2NN 方法失效原因分析

2.2.2　基于有序序列聚类的特征匹配

1. 自适应距离阈值聚类

本节讨论一种对有序序列进行聚类的方法——自适应距离阈值聚类（Adaptive Distance Threshold Clustering，ADTC），该方法可用来解决 2.2.1 节中提出的问题。根据式（2.4）所示的距离序列，ADTC 通过连续的测试把特征 f_i 的前 k 个最近邻居 $N=\{n_{i,1},n_{i,2},\cdots,n_{i,k}\}$ 划分为若干聚类。

若 D 中的两个连续元素 $d_{i,m},d_{i,m+1}$ $(m=1,2,\cdots,k-1)$ 之间的距离小于阈值 T_d，则把 $n_{i,m+1}$ 划分到 $n_{i,m}$ 所属的聚类中。在每次测试后，T_d 的值根据式（2.9）进行更新，即

$$T_d=d_{i,j}/T \tag{2.9}$$

式（2.9）中，$d_{i,j}$ 表示 f_i 和 $n_{i,j}$, $1\leqslant j\leqslant k$ 之间的距离。假设在聚类过程结束后最终得到 cn 个聚类，则前 $cn-1$ 个聚类中的所有元素都认为是特征 f_i 的合格匹配特征。具体过程详见算法 1。

算法 1　自适应距离阈值聚类

输入: 特征 f_i 的前 k 个最近邻居：$N=\{n_{i,1},n_{i,2},\cdots,n_{i,k}\}$；$f_i$ 与其 k 个邻居之间的距离，$D=\{d_{i,1},d_{i,2},\cdots,d_{i,k}\}$；比例阈值 T。

输出: f_i 的合格匹配特征集合，QM_c。

1: $cn\leftarrow 0$;
2: curThre $\leftarrow -1$;
3: **for** $j=1$ to k **do**
4:     **if** $d_{i,j}<$ curThre **then**
5:         $C^{(cn)}\leftarrow C^{(cn)}\cup\{n_{i,j}\}$;
6:     **else**
7:         $cn\leftarrow cn+1$;
8:         $C^{(cn)}\leftarrow\{n_{i,j}\}$;
9:     **end if**
10:     curThre $\leftarrow d_{i,j}/T$;
11: **end for**
12: $QM_c\leftarrow\bigcup_{w=1}^{cn-1}C^{(w)}$

容易证明，ADTC 具有以下性质：

性质 1 令 QM_g，QM_c 分别为 g2NN 和 ADTC 建立的合格匹配特征集合，在两种方法使用相同比例阈值 T 的情况下，QM_g 是 QM_c 的子集。

证明 对任意的 $j(1 \leqslant j \leqslant k-1)$，若 $n_{i,j} \in QM_g$，则 $d_{i,j}/T < d_{i,j+1}$，根据算法 1，$d_{i,j}$ 和 $d_{i,j+1}$ 将分别被划分到两个连续的聚类 $C^{(w)}$ 和 $C^{(w+1)}$ 中，因此 $n_{i,j} \in QM_g$，$QM_g \subseteq QM_c$。 □

性质 2 所有符合 2NN 标准且不能被 g2NN 收集到的合格匹配特征对，都能被 ADTC 收集到。

证明 假设 $n_{i,j}$ 是 f_i 的合格匹配特征，但 $n_{i,j} \notin MP_g$，那么必然能够找到某个 $p, j<p<k$，满足 $T \leqslant d_{i,j}/d_{i,j+1} \leqslant 1$ 且 $d_{i,p}/d_{i,p+1} < T$，因为 $d_{i,p}/T < d_{i,p+1}$，$d_{i,p}$ 和 $d_{i,p+1}$ 将被分配到两个连续的聚类中，则 $\{\cdots, n_{i,j}, n_{i,j+1}, \cdots n_{i,p}\} \subseteq QM_c$。 □

2. 比例阈值 T 的自适应选择

由于特征间的区分性有差异，应使用自适应的方式选择式（2.9）中的比例阈值 T。简单起见，本书只在 3 个离散值之间进行自适应选择：一个较小阈值 T_1，一个中等阈值 T_2，一个较大的阈值 T_3。通过观察，可以发现该比例阈值与匹配特征之间的距离有所联系，如图 2.3 所示。按照从上至下的顺序，图中的 3 个特征间距离直方图分别对应比例阈值分别为 0.2、0.5 和 0.8 时的情况。本书随机选择了 35 幅图像，在已知这些图像中实际的匹配特征对集合的情况下，通过分析实际匹配的特征对之间的距离与随机特征对之间的距离的比值，得到了这 3 个直方图。从图 2.3 中可以发现，顶部的直方图中绝大部分值落在了第一个 bin 中，同时中部和底部的直方图中的第一个 bin 都为空。此外在中部直方图中，几乎没有值落在大于 0.35 的区域。上述两个特性有助于对这 3 个直方图进行分离。假设任意距离值对应于 3 个比例阈值之一，则对给定的 $d_{i,m} \in D$，$d_{i,m}$ 对应于 T_x 的概率可以通过贝叶斯法则获得，即

$$P(T=T_x|d_{i,m}) = \frac{p(d_{i,m}|T=T_x)P(T=T_x)}{\displaystyle\sum_{\omega=1,2,3} p(d_{i,m}|T=T_\omega)P(T=T_\omega)}, x \in \{1,2,3\} \tag{2.10}$$

其中，$P(T=T_\omega)$——T_ω 的先验概率；$p(d_{i,m}|T=T_\omega)$——$T=T_\omega$ 时，$d_{i,m}$ 的条件概率。

本书通过高斯混合模型来近似 $p(d|T=T_1), p(d|T=T_2)$ 和 $p(d|T=T_3)$ 的条件概率密度函数。具体地说，对应于 $T=T_x, x \in \{1,2,3\}$ 的距离条件概率密度函数是

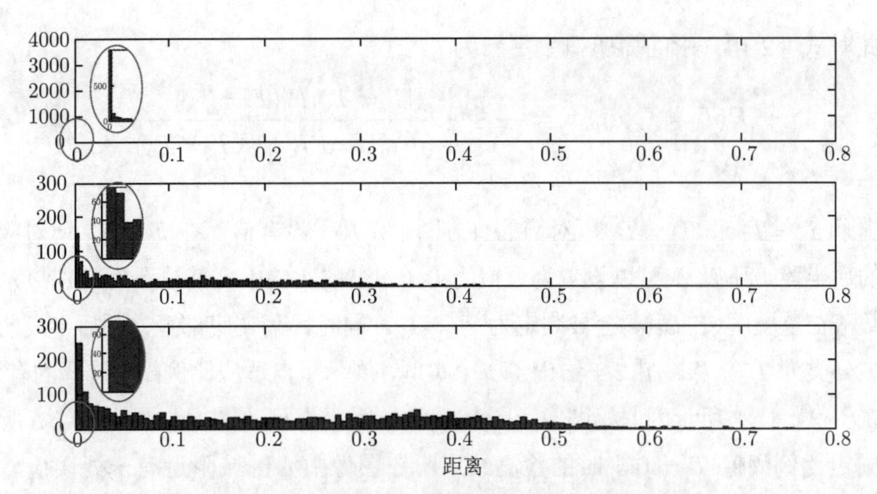

图 2.3　对应不同比例阈值的特征间距离直方图

由一个或多个高斯分布的线性组合来近似的，如式（2.11）所示。

$$p(d|T=T_x)=\sum_{\omega=1}^{C_x} g(d;\mu_{x,\omega},\sigma_{x,\omega}^2)P_{x,\omega} \tag{2.11}$$

其中，C_x——用于近似 $p(d|T=T_x)$ 的高斯分布的数量；$P_{x,\omega}$——第 x 个混合模型的第 ω 个高斯成分；$g(d;\mu_{x,\omega},\sigma_{x,\omega}^2)$——均值为 $\mu_{x,\omega}$、方差为 $\sigma_{x,\omega}^2$ 的高斯分布概率密度函数。

本书用 EM 算法 [106] 估计 $P_{x,\omega},\mu_{x,\omega}$ 和 $\sigma_{x,\omega}$。

在图 2.3 中可以发现，底部直方图的前半段覆盖了中部直方图，这将导致绝大多数落在重叠区域的距离都被判别为对应于 T_3。由于本书设计的聚类算法容易增加虚警，因此在实际应用时，在重叠区域，选择较小阈值对本书的算法更为有利。这种需求可以通过采用最小误分类风险准则实现，但对于一个三分类的问题，使用该准则至少要调节 6 个参数，因此对较大的阈值的概率密度函数增加了一个惩罚因子 $1-\delta$，用来抑制 $P(T=T_3)$，如式（2.12）所示。

$$\begin{aligned}
&\Delta=P(T=T_3)\cdot(1-\delta)\\
&P'(T=T_3)=P(T=T_3)-\Delta\\
&P'(T=T_2)=P(T=T_2)+\Delta\cdot\frac{P(T=T_2)}{P(T=T_2)+P(T=T_1)}\\
&P'(T=T_1)=P(T=T_1)+\Delta\cdot\frac{P(T=T_1)}{P(T=T_2)+P(T=T_1)}
\end{aligned} \tag{2.12}$$

此时式（2.10）中的先验概率更新为

$$P(T=T_x|d_{i,m})=\frac{p(d_{i,m}|T=T_x)P'(T=T_x)}{\sum\limits_{\omega=1,2,3}p(d_{i,m}|T=T_\omega)P'(T=T_\omega)} \tag{2.13}$$

由于 $T=T_1$ 和 $T=T_2$ 所对应的直方图中，几乎没有值落在 $T=T_3$ 所对应的直方图的后半段，所以 δ 可以设置为近似为 0（本书的实验中将其设置为 10^{-3}），这样大多数落在重叠区域的距离会被判定为 $T=T_2$。同时，落在底部直方图后半段的距离都会被分类为 $T=T_3$。图 2.4 给出了一个实例，展示了自适应比例阈值选择的有效性。其中，图 2.4（a）所示为原始图像，图 2.4（b）所示为篡改图像，图 2.4（c）所示为使用固定比例阈值 $T=0.5$ 时的检测结果。在图像中心区域附近有一处误检，以绿色椭圆标记。图 2.4（d）所示为自适应选择比例阈值 $T_1=0.2$、$T_2=0.5$、$T_3=0.8$ 时的检测结果。可以看到，虚警消除的同时，收集到的符合真实情况的匹配特征的总数只略微降低。

(a) (b) (c) (d)

图 2.4 ADTC 使用固定和自适应比例阈值时得到的区域拷贝检测结果对比

图注：采用固定比例阈值出现一处虚警，采用自适应比例阈值时则不会出现

2.2.3 实验结果及分析

本节首先对 g2NN 和 ADTC 的真匹配特征[①]收集能力进行比较，然后给出使用 g2NN 和 ADTC 进行多重粘贴检测的实验结果，最后在 Christlein 等人创建的数据集 [6]（下文简称 Christlein 数据集）上进行规模化的区域拷贝检测能力测试。本书从 Christlein 数据集中的 orig 子集随机选择 35 幅图像，在每幅图像上随机选择一个矩形区域，将该区域拷贝数次，作为实验的训练集，用于训练式（2.11）中混合高斯模型的相关参数。

1. g2NN 与 ADTC 的真匹配特征收集能力比较

在本节中，将对 g2NN 和 ADTC 的真匹配特征收集能力进行比较。尽管 Christlein 数据集中已经包含一个多重粘贴子集 multi_paste，但为了准确地计算两种方法收集到的真匹配特征数量，本节以可控的方式重新创建一个多重粘贴子集（记为 multi_paste_pers）。对于 orig 子集中的每一幅图像，首先将其降采样 50%，然后在图像中随机选择某个 96×96 的正方形区域，将其粘贴到该图像的 5 个随机位置。在粘贴的过程中，把每处目标区域的位置记录下来，这样就可以得到图像中各个内容相同区域之间的几何变换参数（即区域之间的水平和垂直位移)。通过这种方式可以判断一对收集到的合格匹配特征是否是真匹配特征。需要注意的是，这组测试的目的仅仅是为了评估 ADTC 在不同情况下的有效性，因此篡改图像以自动合成的方式生成，而未考虑篡改图像的视觉真实性，所以这组测试用例中的篡改痕迹都非常明显，稍后将给出针对真实篡改案例的检测结果。本节选择两种应用最为广泛的特征点：SIFT[37] 和 SURF[107]，以评估算法的性能。本节分别采用 VLFeat 库 [108] 的 SIFT 模块和 OpenSURF 库 [109] 提取 SIFT 和 SURF 特征点。由于在 multi_paste_pers 子集中许多拷贝的区域都极其平滑，本节将 SIFT 的 PeakThresh 参数（用于在高斯差分空间中筛除较小的局部极值）和 OpenSURF 的 Hessian 响应阈值设置为 0，从而保证在平滑区域也会有一定的特征点。需要强调的是，这种极端的设置会导致大量的误匹配，因此只在 multi_paste_pers 子集中使用，以验证 ADTC 的有效性。在实验的其他部分，上述两个参数均采用了默认值，此外，g2NN 的比例阈值设置为 $T = 0.5$，ADTC 的比例阈值设置为 $T_1 = 0.2$，$T_2 = 0.5$，$T_3 = 0.8$。本书使用一个高斯分布逼近 $T = T_1$ 对应的距离直方图，另外两个距离直方图则分别用 3 个高斯分

① 方便起见，本书把符合真实情况的匹配特征对简称为真匹配特征。

布近似。

对于两种特征，本书比较了 ADTC 和 g2NN 收集到的真匹配特征对数量，比较结果分别如图 2.5 和图 2.6 中的柱状图所示。图中条柱的红色部分中间的数字表示 g2NN 收集到的真匹配特征数量，蓝色部分中间的数字表示 ADTC 收集到的真匹配特征数量。可以看到，ADTC 显著超越了 g2NN。在大多数情况下，ADTC 收集到的真匹配特征数量大约是 g2NN 的 2 倍。

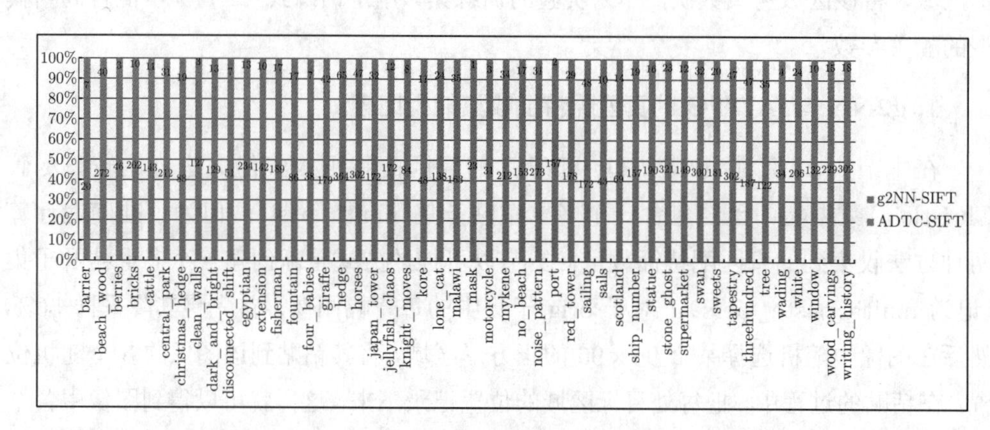

图 2.5 ADTC 和 g2NN 收集到的真匹配特征对 SIFT 数量对比

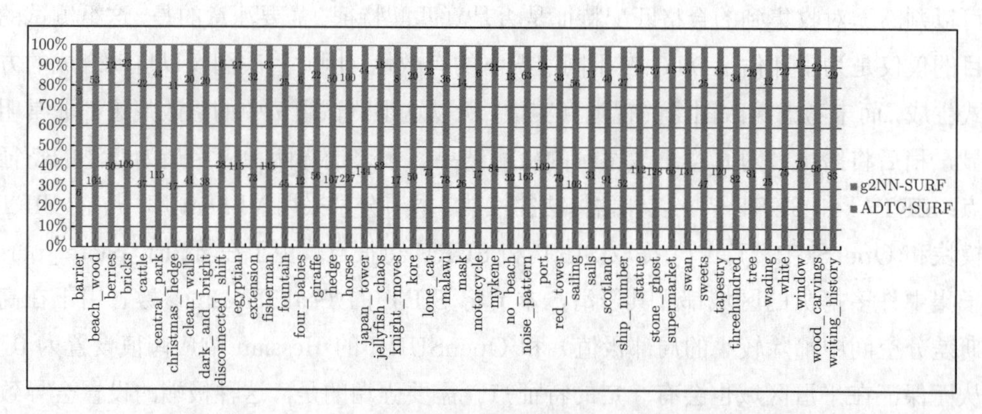

图 2.6 ADTC 和 g2NN 收集到的真匹配特征对 SURF 数量对比

ADTC 和 g2NN 的时间开销对比如表 2.1 所示。实验运行的硬件平台是一台 Intel Core i7–2600 处理器，24G 内存的工作站，软件平台为 MATLAB 2011a 。理论上，g2NN 的时间复杂度在典型情况下为 $O(n)$，最坏情况下为 $O(n^2)$。ADTC 的时间复杂度为 $O(n^2 \cdot (c_1 + c_2 + c_3))$，其中，$c_1$、$c_2$ 和 c_3 表示 3 个高斯混合模型中高斯成分的数量。然而，在实际应用中并不需要考虑一个特征在特征空间内的所有邻居，通常取前 m 个即可（$m \ll n$，本书在实验中设置 $m = 50$）。因此 ADTC 的时间复杂度可降至 $O(m \cdot n \cdot (c_1 + c_2 + c_3))$。从表 2.1 中可以看到，ADTC 的时间开销约为 g2NN 的 10 倍。尽管如此，ADTC 仅占整个篡改检测过程约 10% 的时间，因此由 ADTC 导致的时间开销增加并不会显著影响整体时间开销。

表 2.1　ADTC 和 g2NN 的时间开销对比

		平均时间开销/s			
		每个特征		每幅图像	
	特征总数	g2NN	ADTC	g2NN	ADTC
SIFT	340346	0.00015	0.0020	1.05	14.06
SURF	475960	0.00018	0.0017	1.79	17.32

2. 多重粘贴检测性能测试

多重粘贴是造成特征空间同时存在多个过于相似的特征的最常见原因。在本节，以 Christlein 数据集中 nul 子集中的 3 幅多重粘贴篡改实例（分别是 bricks、christmas_hedge 和 port）以及它们在 jpeg 子集中相应的压缩降质版本为例，展示 ADTC 在多重粘贴检测中的有效性。与上文一样，这里仍然采用 SIFT 和 SURF 两种特征进行测试。本书采用文献 [25] 中的方法框架，在测试不同的合格匹配特征收集方法或特征时，将相应的模块进行替换。在最终的匹配特征点上，通过形态学运算生成二值拷贝区域映射图。这里使用像素点级的 precision、recall 和 F_1 score 评价检测性能，检测结果分别如图 2.7、图 2.8 和图 2.9 所示。图 2.7～ 图 2.9 中，横轴末尾的 none 表示测试用例的未压缩版本，其他的数值表示 JPEG 压缩的质量因子。

$$\text{precision} = \frac{T_P}{T_P + F_P} \tag{2.14}$$

$$\text{recall} = \frac{T_P}{T_P + F_N} \tag{2.15}$$

$$F_1 \text{ score} = \frac{2 \times \text{precision} \times \text{recall}}{\text{precision} + \text{recall}} \tag{2.16}$$

其中，T_P 表示正确地判定为拷贝区域的像素点数量；F_P 表示错误地判定为拷贝区域的像素点数量；F_N 表示错误地判定为非拷贝区域的像素点数量。

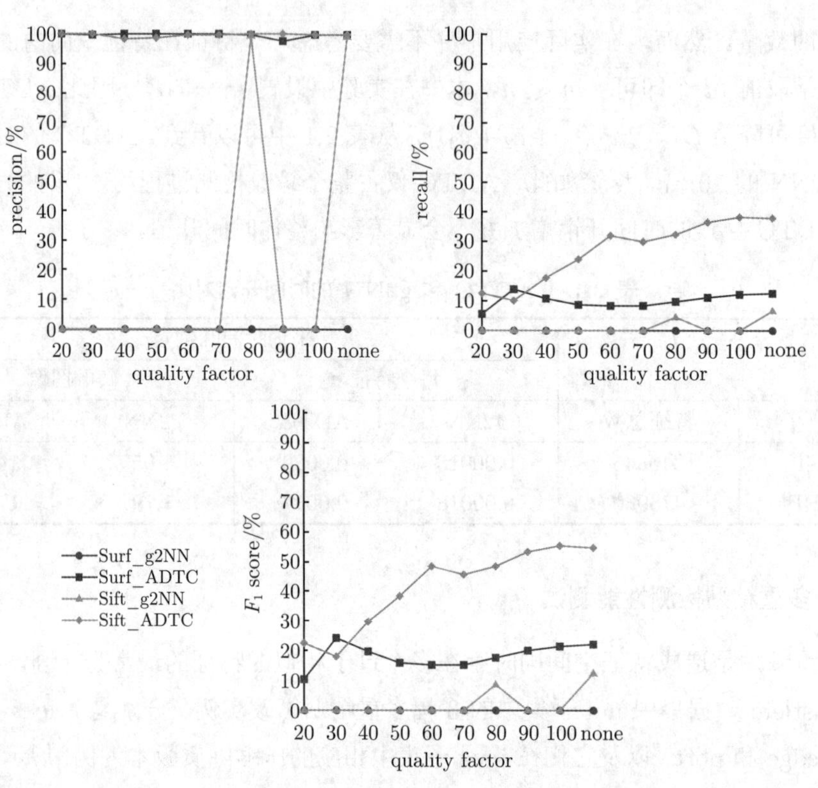

图 2.7 采用 ADTC 和 g2NN，分别以 SIFT 和 SURF 特征对测试用例 bricks 进行多重粘贴检测的结果对比

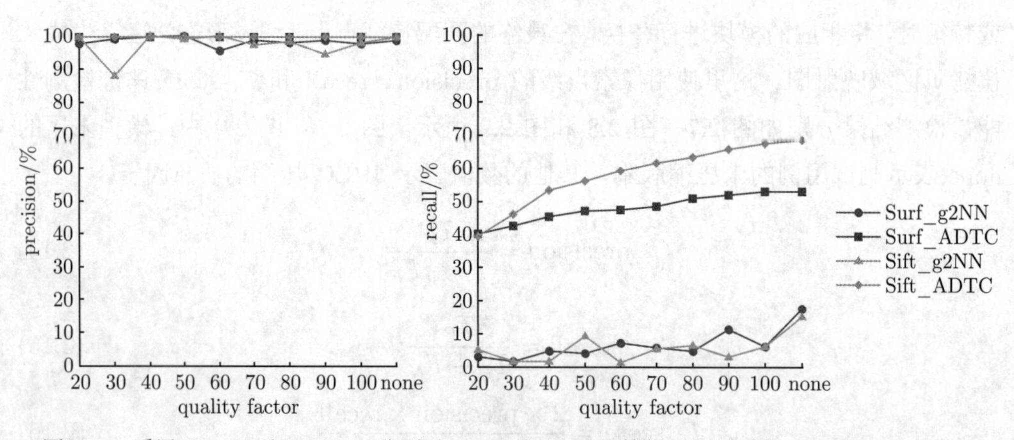

图 2.8 采用 ADTC 和 g2NN，分别以 SIFT 和 SURF 特征对测试用例 Christmas_hedge 进行多重粘贴检测的结果对比

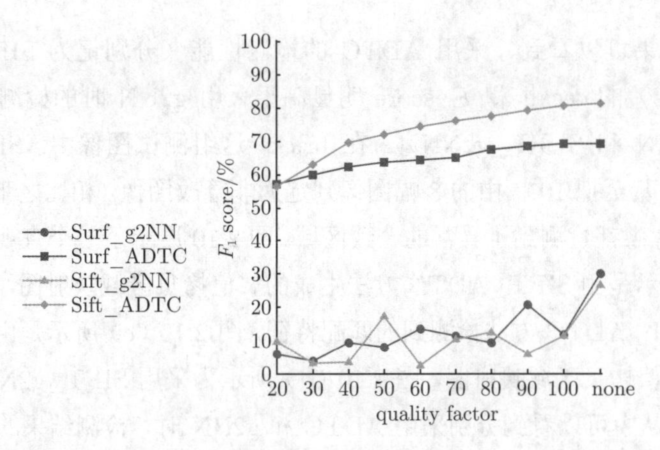

图 2.8 （续）

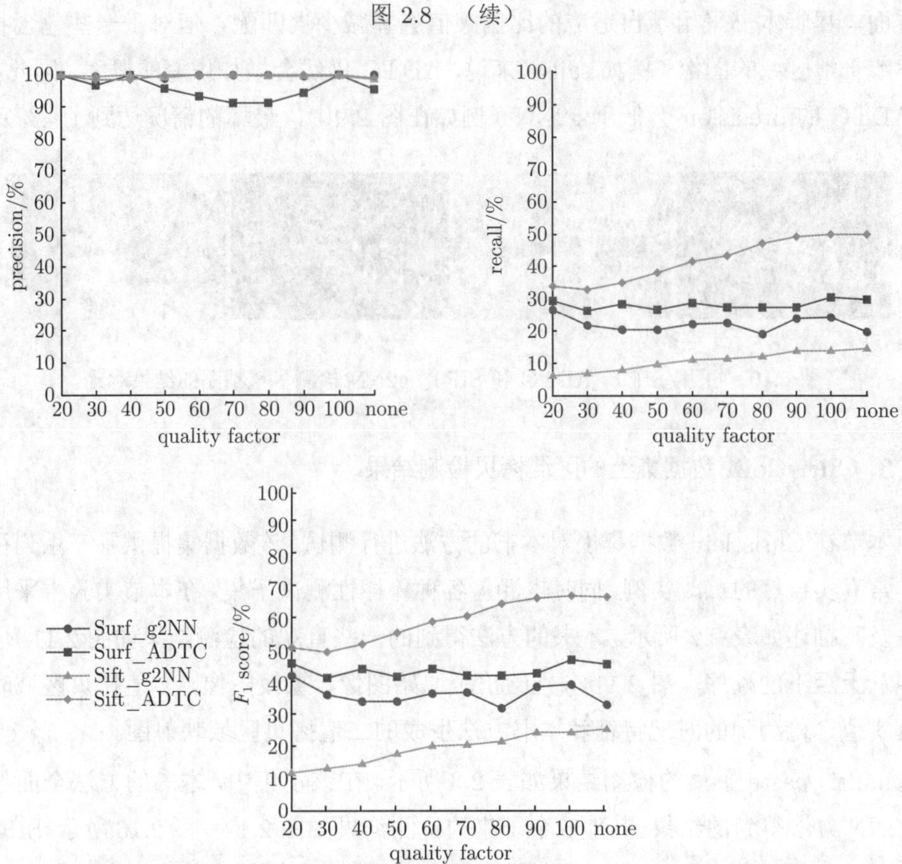

图 2.9 采用 ADTC 和 g2NN，分别以 SIFT 和 SURF 特征对测试用例 port 进行多重粘贴检测的结果对比

从检测结果可以看到，采用 ADTC 的检测性能（分别记为 SIFT_ADTC 和 SURF_ADTC）的 recall 和 F_1 score 明显高于采用 g2NN 时的检测性能（分别记为 SIFT_g2NN 和 SURF_g2NN）。在 bricks 这组测试图像中，SIFT_g2NN 和 SURF_g2NN 甚至把 10 幅中的 8 幅图像判定为非篡改图像。相比之下，本书的方法在这 10 幅图像中都检测到了异常的一致区域。图 2.10 展示了一个直观的例子，其中，图 2.10（a）所示是由 SIFT_ADTC 方法生成的二值拷贝区域映射图，图 2.10（b）所示为采用 SIFT_ADTC 方法检测到的匹配特征，图 2.10（c）所示是由 SIFT_g2NN 方法生成的二值拷贝区域映射图，图 2.10（d）所示为采用 SIFT_g2NN 方法检测到的匹配特征。从中可以看到分别采用 ADTC 和 g2NN 时，检测结果的显著差异。另一方面，尽管本书采用了自适应的比例阈值选择减少误匹配，但对于一些包含相似图案或平滑区域的图像（例如 sails）来说，ADTC 仍然会增加虚警的概率。因此，有时 ADTC 的 precision 会低于 g2NN（例如在图 2.9中，最坏的情况达到了 8%）。

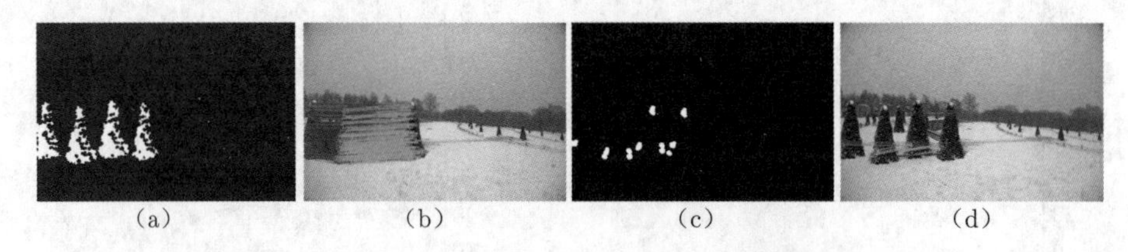

图 2.10　采用 SIFT_ADTC 和 SIFT_g2NN 检测多重粘贴的结果对比

3. Christlein 数据集上的区域拷贝检测结果

本节在 Christlein 数据集上对本书的方法进行测试。该数据集提供了一系列视觉上非常真实自然的篡改实例，同时也涵盖各种鲁棒性测试子集。在本节实验中采用的子集及其描述如表 2.2 所示。本书的方法得到的一些直观的检测结果如图 2.11 所示。按照从上至下的顺序，图 2.11 分别给出了原始图像、篡改图像、二值拷贝区域映射图真实值、检测到的匹配特征和本书方法生成的二值拷贝区域映射图。

multi_paste 子集的检测结果如表 2.3 所示。在该子集中，本书的方法全面超越了 g2NN 方法得到的结果。其他 5 个子集的检测结果如图 2.12～图 2.16 所示。SIFT_ADTC 和 SURF_ADTC 在 recall 和 F_1 score 这两个指标上均高于相应的 g2NN 方法得到的结果，这进一步证实了多个高度相似的特征在各种不同条件下十分常见这一事实。

表 2.2　本节实验采用的子集

子集名称	描　述
multi_paste	包含 48 幅多重粘贴篡改图像。每幅图像中，某处 64×64 图像块被随机粘贴到图像中 5 个其他位置
jpeg	该子集把 nul 测试集中的每幅图像按照不同质量因子进行 JPEG 压缩（从 20 到 100，步长为 10）
Rotation	该子集包含 5 种小旋转角度（$2^\circ \sim 10^\circ$，步长为 2°）和 3 种大旋转角度（$20^\circ, 60^\circ, 180^\circ$）
Scaling	该子集中，目标区域被缩放至其原始尺寸的 $50\% \sim 200\%$
Additive Gaussian Noise	该子集中，图像亮度首先被归一化到 $[0,1]$ 区间，然后向目标区域中加入标准差从 0.02 到 0.10（步长为 0.02）的加性高斯噪声
Combined Effects	在该子集中，目标区域经受 3 种方法的联合攻击：旋转、缩放和 JPEG 压缩。第一种组合的参数为旋转 1°，放大 1% 后，用 80 的质量因子进行 JPEG 压缩。后续 3 种组合分别在前一种的基础上进一步旋转 2°，放大 2%，并把压缩质量因子降低 5。最后两种较强组合的参数分别为 20°, 120%，60 及 60°, 140%, 50

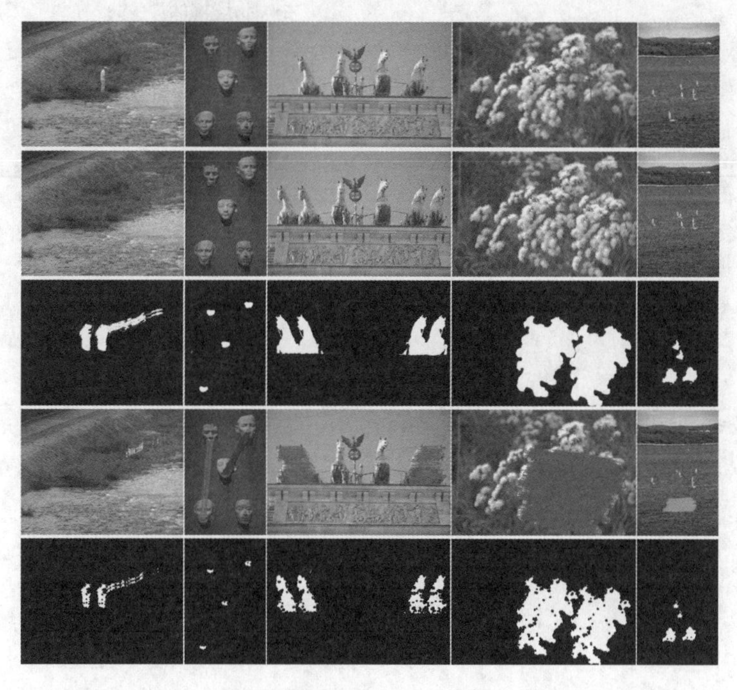

图 2.11　本书的方法对数据集中一些用例的检测结果展示

正如在上文所遇到的情况，当图像中存在高度相似的图案或平滑区域时，ADTC会提高误匹配的概率。除此之外，由于ADTC比g2NN方法可以收集到更多的真匹配特征，当使用ADTC时，会在拷贝区域的边缘处也获得更多的匹配特征点，当在这些特征点上执行膨胀操作时，可能会导致超出实际拷贝区域的虚警，这也是ADTC方法的precision指标略低于g2NN方法的原因。

表 2.3 multi_paste 子集的检测结果

方法	precision/%	recall/%	F_1 score/%
SURF_ADTC	65.6	36.0	46.5
SURF_g2NN	63.6	5.0	9.1
SIFT_ADTC	73.2	37.3	49.4
SIFT_g2NN	56.1	6.2	11.2

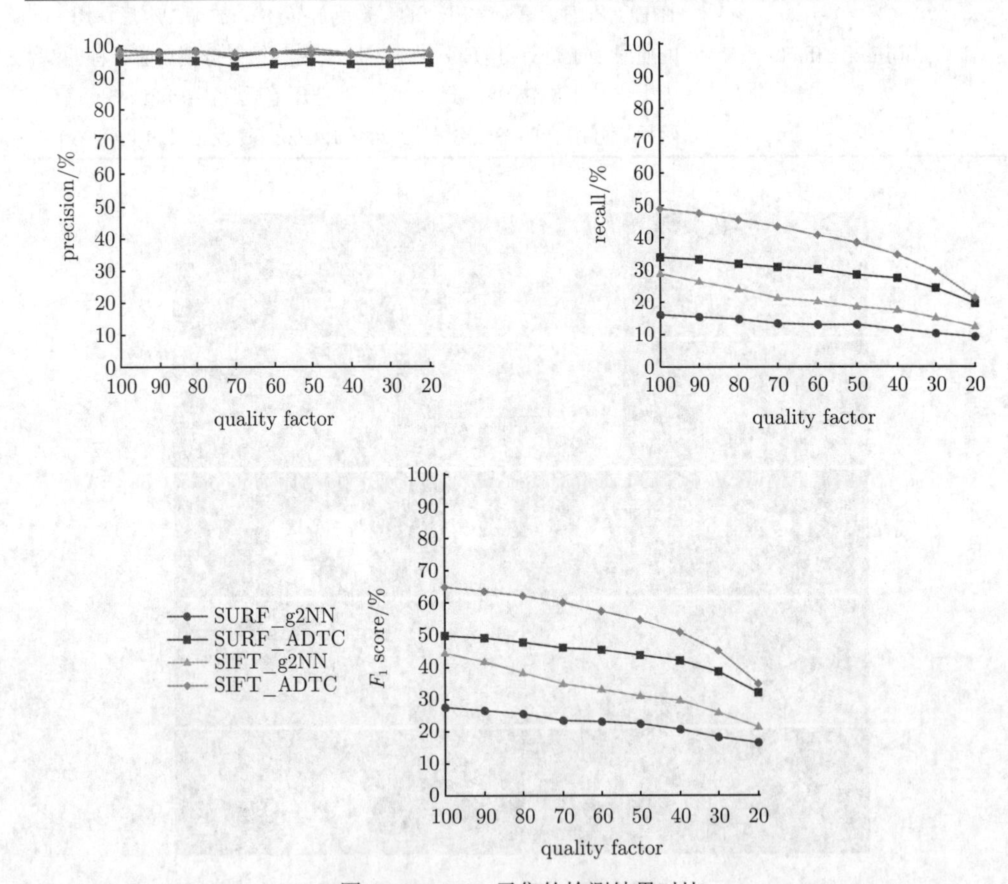

图 2.12 jpeg 子集的检测结果对比

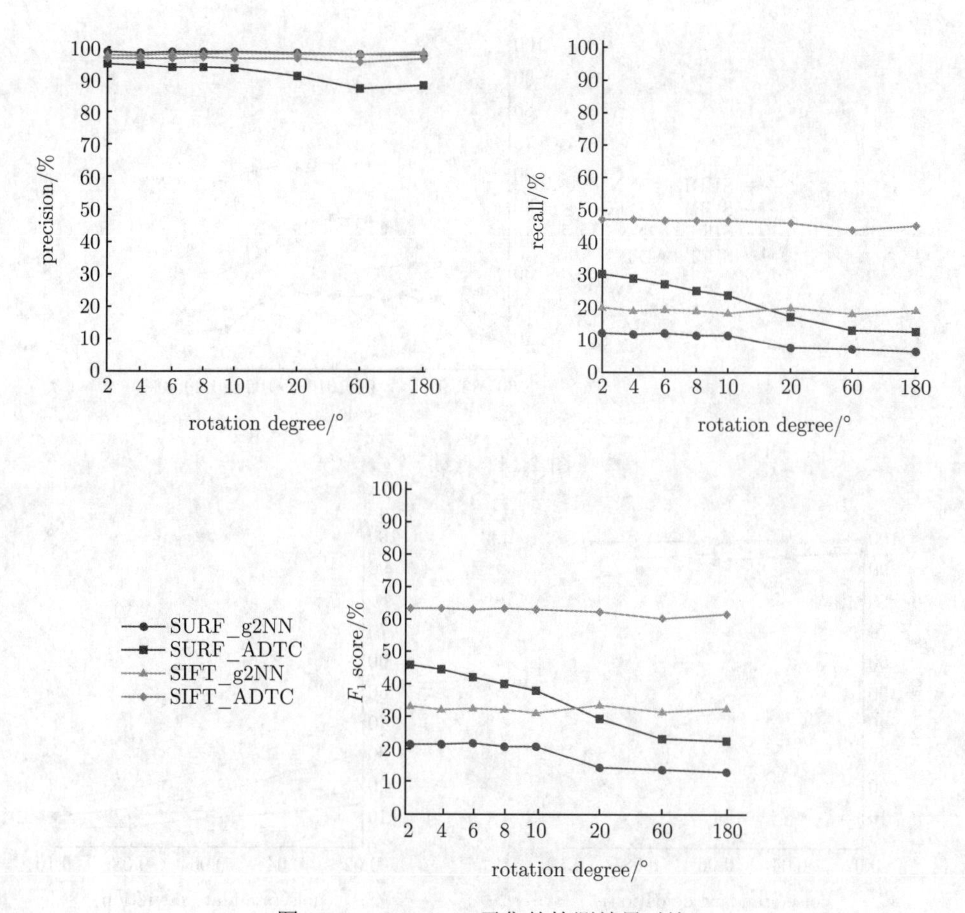

图 2.13　Rotation 子集的检测结果对比

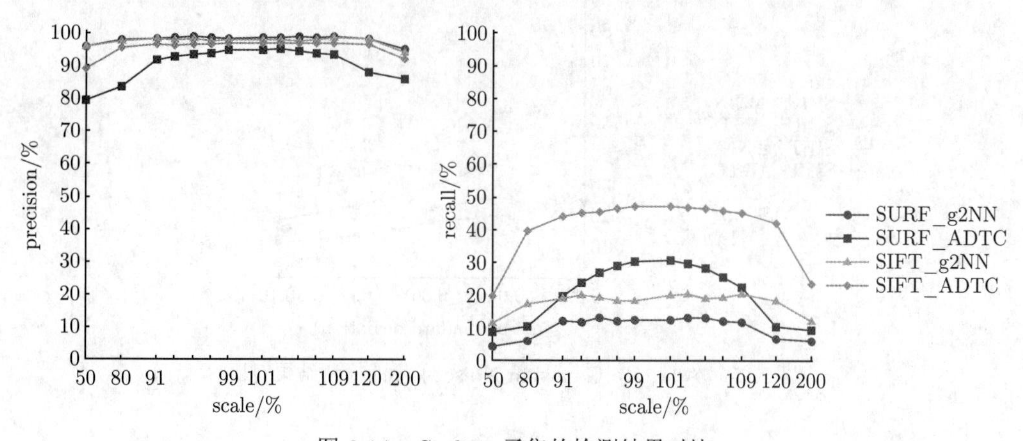

图 2.14　Scaling 子集的检测结果对比

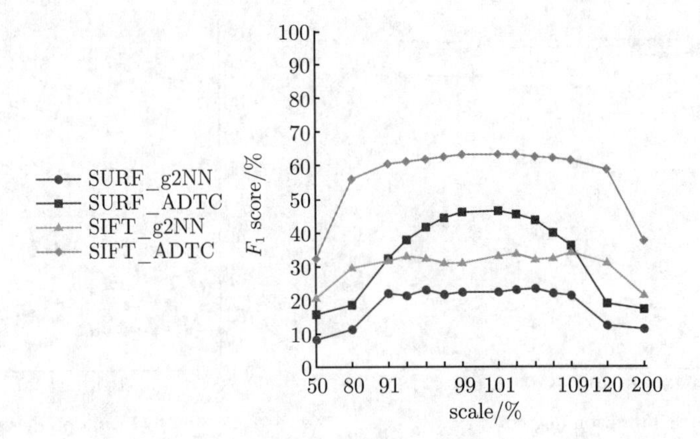

图 2.14 (续)

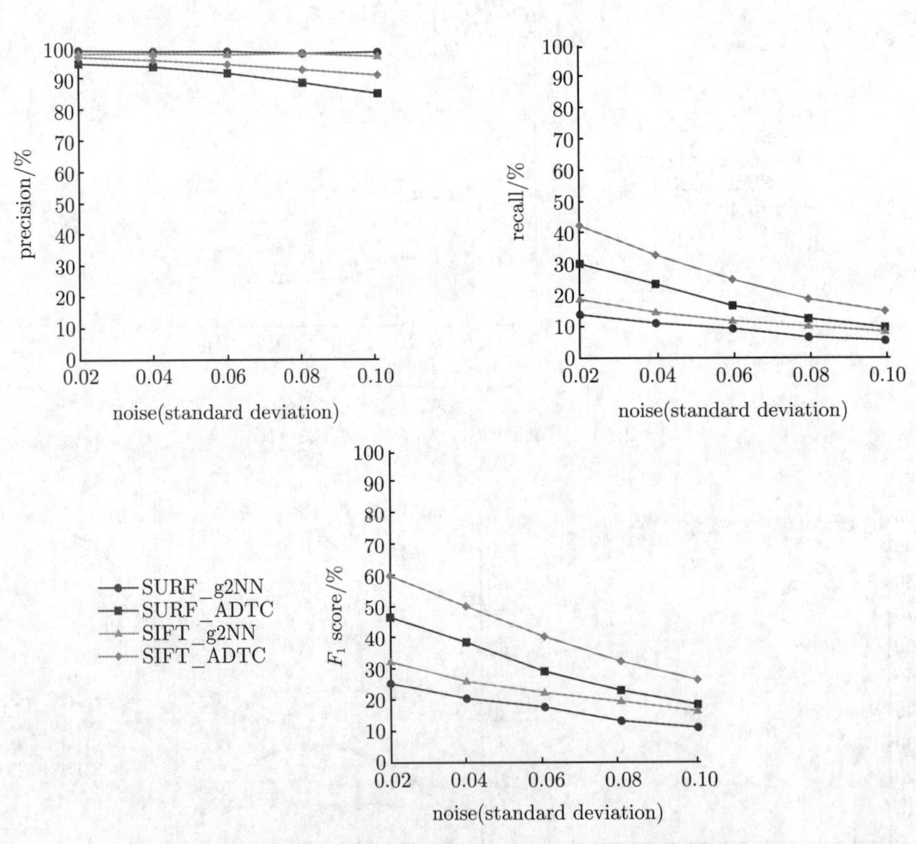

图 2.15 Additive Gaussian Noise 子集的检测结果对比

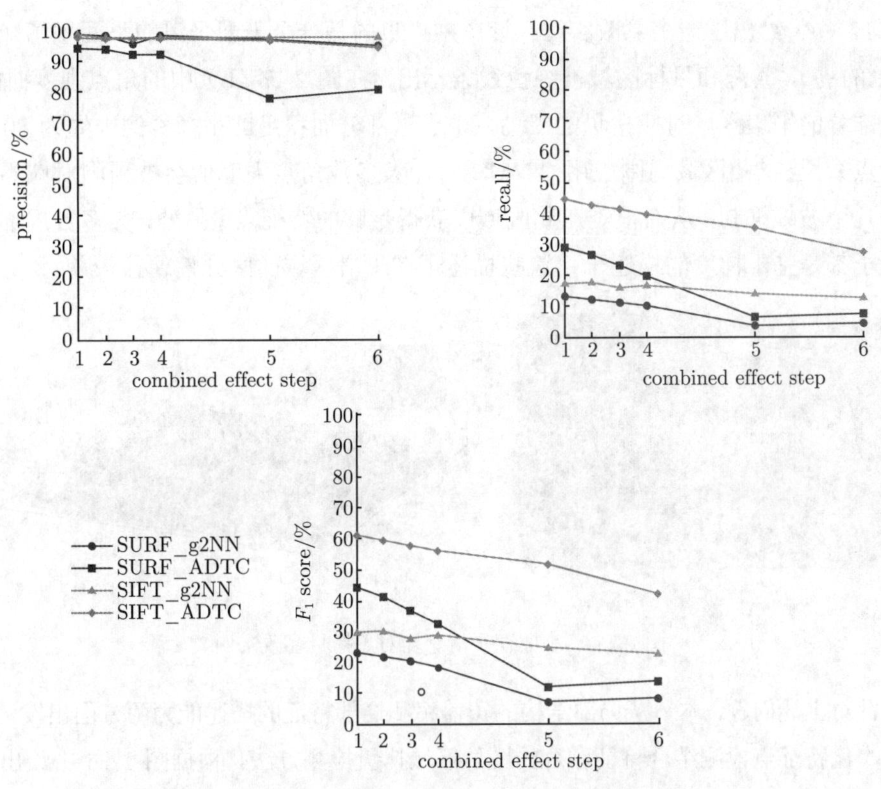

图 2.16　Combined Effects 子集的检测结果对比

2.3　区域拷贝检测

2.3.1　基于层次化特征点检测和特征融合的区域拷贝检测

现有的绝大多数基于特征点的区域拷贝检测方法采用 SIFT 、SURF 等特征点及其相应的描述子。为了保证提取特征的区分性和鲁棒性，通常 SIFT 和 SURF 等方法只保留纹理丰富区域中的特征点，因此这些方法存在的主要问题之一是不能检测针对图像中平滑感知对象的拷贝行为。针对这一问题，文献 [35] 中方法利用自适应非极大值抑制（Adaptive Non-Maximal Suppression，ANMS）获得大致均匀分布的哈里斯角点作为特征点，并以 DAISY 作为特征描述子。尽管该方法能够覆盖大多数平滑区域，但对于平滑的小面积感知对象而言，落在其中的像素点所对应的角点强度会被周围像素点抑制，因此在小面积平滑区域中往往不能获得足够的特征点。

图 2.17（a）给出了一个篡改实例：该图中拷贝的是一个表面平滑的小面积感知对象（黑色的鸟），其源和目标区域被绿色线条标出。在图 2.17（b）中的角点强度曲面上，中间部分的平坦区域对应拷贝的黑鸟，由于这部分面积足够小（本例中约为 80×30 像素点），当在此区域周围应用 ANMS 时，大多数角点强度值会被周围对应黑鸟边缘的几个波峰抑制，从而很难在此区域中获得足够的特征点。另外，大多数局部特征描述子都是基于梯度的描述子，这些描述子在平滑区域的区分性往往较差。

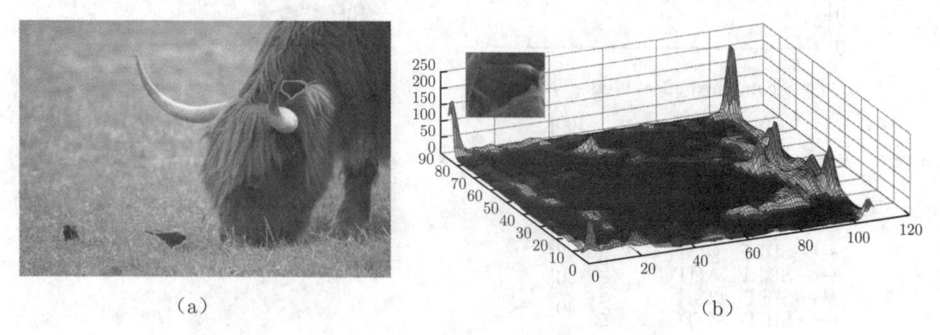

图 2.17 小面积平滑感知对象拷贝篡改实例

针对上述问题，本节从局部结构的覆盖率和局部特征的描述能力两方面出发，提出了层次化特征点检测结合特征融合的图像区域拷贝检测方法。根据图 1.16 中给出的篡改检测模型，本节方法的框架如图 2.18 所示，主要包括以下步骤：层次化特征点检测、特征提取及匹配和后处理。检测结果最终以二值拷贝区域映射图的形式给出。

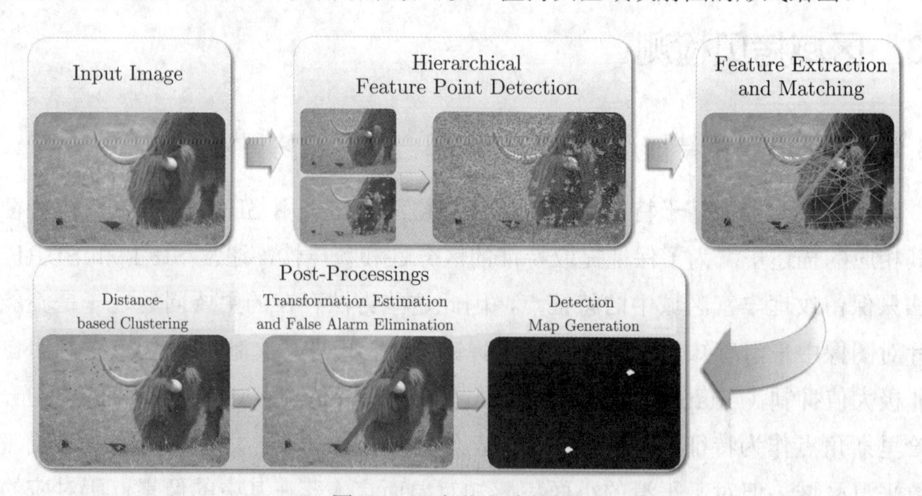

图 2.18 本节方法的框架

如前文所述，文献 [35] 中方法利用 ANMS 获得大致均匀分布的哈里斯角点，以便在整幅图像上各个区域获得足够的特征点数量，但该方法无法保证对表面平滑的小面积感知对象的特征点覆盖。尽管可以通过减小 ANMS 抑制半径的方式缓解这一问题，但在全局使用较小的抑制半径会导致特征点总数的大量增加，从而导致更大的时间和空间开销，如图 2.19 所示。根据实验观察的结果，对于常规图像，抑制半径 $r = 7$ 时，通常可以获得令人满意的结果，但在图 2.19（a）～图 2.19（c）中可以看到，当 $r = 7$ 时，仅能够获得一个可用的特征点（在牛头上的黑鸟内部只有一个特征点，由于两只鸟的背景不同，位于鸟边缘的顶点的局部特征不同，因此不可用），特征点总数为 2796 个。当抑制半径减小为 5 时，可获得 2 个有效特征点，此时特征点总数为 4731，当 $r = 3$ 时，尽管能够获得 7 个有效特征点，特征点的总数却达到了最初的 3 倍以上。此外，由于基于梯度的局部特征描述子在平滑区域区分性差，7 个特征点也未必足够用于检测拷贝行为。

（a）　　（b）　　（c）

图 2.19　采用不同的抑制半径时，有效特征点数量及特征点总数的变化情况

本书提出的层次化特征检测方法由两个阶段组成。第一阶段在常规区域上提取特征点。对一幅输入图像 I，首先根据 Noble [110] 的方法计算其角点强度矩阵 CM 为

$$CM = \frac{AB - C^2}{A + B} \tag{2.17}$$

其中，$A = w * \left(\frac{\partial I}{\partial x}\right)^2, B = w * \left(\frac{\partial I}{\partial y}\right)^2, C = w * \left(\frac{\partial I}{\partial x}\frac{\partial I}{\partial y}\right)$，$*$ 为卷积运算符，w 为高斯核。

接下来对 CM 进行半径为 r 的非极大值抑制（NMS），从而获得大致均匀分布的特征点。此处之所以使用 NMS 而非文献 [35] 中方法使用的 ANMS，是因为 ANMS 的目标是获取指定数量而非特定密度的特征点，从而不得不为不同尺寸的图像指定不同的参数。相比之下，使用 NMS，对于任意尺寸的图像都可以获得一个其分布大致满足需求的初始特征点集，即

$$P^{(1)} = \{p_1^{(1)}, p_2^{(1)}, \cdots, p_n^{(1)}\} \tag{2.18}$$

此外还可以生成一个特征点映射图 M，该图用于指示上述初始特征点的位置，即

$$M(x,y) = \begin{cases} 1, & \exists p_i^{(1)} \text{ locates at}(x,y), i \in \{1,2,\cdots,n\} \\ 0, & \text{otherwise} \end{cases} \tag{2.19}$$

获得 M 后，开始特征点检测的第二阶段。首先对 M 进行如式（2.20）所示的二维统计排序滤波（其中 a 和 b 分别为二维统计排序滤波模板中的水平和垂直位置），获取一个新的映射图 M_{osf}，M_{osf} 用于指示初始特征点集的覆盖区域，即

$$M_{osf}(x,y) = \max_{-r \leqslant a,b \leqslant r} \{M(x+a, y+b)\} \tag{2.20}$$

图 2.20（a）展示了 M_{osf} 的一个实例。图 2.20（a）中的白块表明在其覆盖区域内至少存在一个特征点。在使用形态学操作消除 M_{osf} 中的细小缝隙和空洞之后，剩余的黑色区域即为需要额外补充特征点的区域，如图 2.20（b）所示。

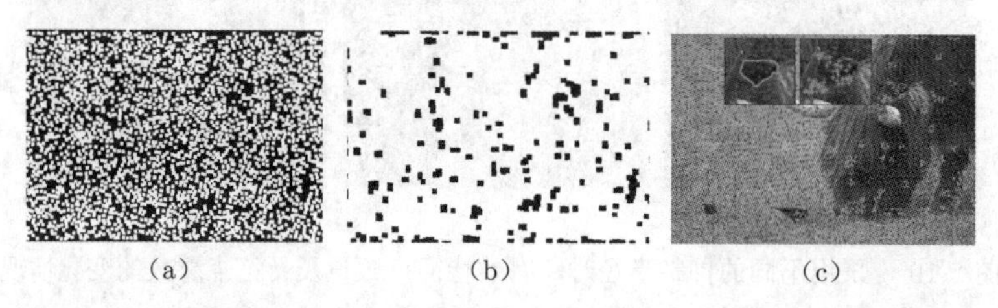

（a） （b） （c）

图 2.20　小面积平滑区域定位实例以及本书的特征点检测方法得到的结果

M_{osf} 中的黑色区域通常对应图像中的平滑区域，由于大多数基于梯度的局部特征在平滑区域中区分性下降，需要在这些区域中提取较多的特征点提供冗余，从而对由区分性降低导致的性能损失进行一定程度的补偿。因此，本书在 CM 中对应 $M_{osf}(x,y)=0$ 的位置上再进行一次较小半径 r' 的 NMS，从而补充额外的特征点，记为

$$P^{(2)} = \{p_1^{(2)}, p_2^{(2)}, \cdots, p_m^{(2)}\} \tag{2.21}$$

其中，m 为第二阶段获得的特征点数量。采用本节的方法获取的特征点分布如图 2.20（c）所示。图 2.20（c）中，左上方放大的子图来自图 2.19（c），以便于对比。可以看到，本书的方法得到的有效特征点数量多于图 2.19（c）中的结果，同时特征点的总数为 3954，也远小于图 2.19（c）中的 9124 个。可见，本书的方法可以在不过度增加特征点总数的前提下，保证不同区域都有足够的特征点覆盖。

现有的大多数基于特征点的方法使用 SIFT、SURF 等特征描述子。为了实现旋转不变，这类特征描述子需要为每个特征点指定一个主方向，而这个主方向的估计却是不稳定的，主方向的估计错误是 SIFT 等特征描述子的一个主要误差来源。为了提升对旋转的鲁棒性，对于纹理区域，本书选择了无须主方向估计的 MROGH（Multi-support Region Order-based Gradient Histogram）[111] 作为局部特征描述子。

在平滑区域中，即使亮度或颜色不同，像素点通常也具有相似的局部梯度，这无疑将导致描述子的区分性下降。这一点在检测到的小面积平滑区域中表现得非常明显，如图 2.21（a）所示：当仅使用了基于梯度的特征时，只得到了 3 对正确的匹配。为了提升匹配性能，在小面积平滑区域中本书用 MROGH 描述子和 HH（Hue Histogram）[112] 构造了融合特征。进行特征融合后的匹配结果如图 2.21（b），可以看到，此时正确的匹配达到了 9 对。

（a）　　　　（b）

图 2.21　特征融合前后的匹配结果对比

记 $f_{\mathrm{MROGH}}, f_{\mathrm{HH}}$ 为归一化后的 MROGH 和 HH 特征向量，本书按式（2.22）构造融合特征。

$$f = (f_{\mathrm{MROGH}}, \alpha f_{\mathrm{HH}}) \tag{2.22}$$

其中，α 为 HH 特征的权重。

至此，对于输入图像 I，可获得分别对应两个顶点集合 $P^{(1)}$（式（2.18））和 $P^{(2)}$（式（2.21））的两个特征集：

$$F^{(1)} = \{f_1^{(1)}, f_2^{(1)}, \cdots, f_n^{(1)}\} \tag{2.23}$$

和

$$F^{(2)} = \{f_1^{(2)}, f_2^{(2)}, \cdots, f_m^{(2)}\} \tag{2.24}$$

在特征匹配阶段，采用文献 [25] 中方法提出的 g2NN 方法分别对 $F^{(1)}$ 和 $F^{(2)}$ 中的特征进行匹配。

在后处理阶段，首先对匹配阶段筛选出的特征点进行基于空间距离的聚类，并在删除少于 4 个成员的聚类后，在各聚类之间根据聚类成员的匹配关系基于 RANSAC 方法[113] 估计仿射变换。接下来，根据式(2.25)找出每个仿射变换的类内点($D \leqslant T_D$):

$$D = \left\| \boldsymbol{H} \begin{bmatrix} x \\ y \\ 1 \end{bmatrix} - \begin{bmatrix} x' \\ y' \\ 1 \end{bmatrix} \right\|_2 \tag{2.25}$$

其中 $(x, y, 1)^{\mathrm{T}}$ 和 $(x', y', 1)^{\mathrm{T}}$ 分别是一对匹配特征点的齐次坐标，$\boldsymbol{H}$ 是通过 RANSAC 方法估计出的仿射变换，其形式为

$$\boldsymbol{H} = \begin{bmatrix} a_{11} & a_{12} & t_x \\ a_{21} & a_{22} & t_y \\ 0 & 0 & 1 \end{bmatrix} \tag{2.26}$$

其中，左上角的 4 个元素 a_{ij} $(i, j = 1, 2)$ 对应沿着某对正交轴的非均匀缩放，t_x 和 t_y 对应水平和垂直的位移。

此后，对类内点少于 8 的仿射模型所包含的特征点进行基于距离的聚类，并删除成员数少于 4 的聚类。最后通过形态学操作获得二值拷贝区域映射图。

2.3.2 实验结果及分析

本节在 Christlein 数据集上进行了测试，该数据集中的大多数图像为全尺寸图像，这极大地扩展了特征空间，从而增加了误匹配几率。该数据集中的大多数用例具有很强的真实感，拷贝区域包含纹理和平滑区域。此外，该数据集还包含一些难度较高的用例，比如：自相似的图案和较大强度的附加攻击手段（如旋转、缩放和 JPEG 压缩）等。本节在实验中与基于 SIFT 的方法 [25]，基于 SURF 的方法 [28] 以及一种基于块的方法 [34] 进行了对比。

本节采用了图像级的 precision、recall 和 F_1 score 评价检测性能，即

$$\text{precision} = \frac{T_P}{T_P + F_P} \tag{2.27}$$

$$\text{recall} = \frac{T_P}{T_P + F_N} \tag{2.28}$$

$$F_1 \text{ score} = \frac{2 \times \text{precision} \times \text{recall}}{\text{precision} + \text{recall}} \tag{2.29}$$

其中，T_P ——正确地判定为存在拷贝区域的图像数量；F_P ——错误地判定为存在拷贝区域的图像数量；F_N ——错误地判定为不存在拷贝区域的图像数量。

1. 常规区域复制检测能力测试

本节测试对常规拷贝行为的检测能力。实验结果如表 2.4 所示。可以看到，在检测能力方面，本书的方法全面超越了其他 3 种方法，图 2.22 中展示了一部分检测结果。其中图 2.22（a）列为篡改后的图像；图 2.22（b）列为拷贝区域二值映射图的真实值（Ground Truth）；图 2.22（c）列为本书方法的检测结果；图 2.22（d）列是本书方法生成的拷贝区域二值映射图；图 2.22（e）～ 图 2.22（g）列分别是文献 [28]、[25] 和 [34] 的检测结果。由于图 2.22 中的拷贝行为都是针对外观极为平滑的感知对象，在这些区域中几乎没有 SIFT 和 SURF 的特征点，因此文献 [28] 和 [25] 对于这些用例几乎是无效的。尽管用例 dark and bright （第 3 行）和 giraffe （第 5 行）分别能够被 [28] 和 [25] 检测到，但检测效果并不令人满意。在文献 [28] 对 dark and bright 用例的检测结果中，3 对拷贝区域只有一对被检测到；类似地，对于 giraffe，文献 [25] 的方法只能检测到拷贝的斑块的边缘区域。尽管文献 [34] 中方法对大多数用例有效（除了第 6 行的 Scotland），其虚警率却过高。

表 2.4　对常规拷贝行为的检测性能测试

方法	precision/%	recall/%	F_1 score/%	时间/s
SIFT[25]	88.4	79.2	83.5	889
SURF[28]	91.1	85.4	88.2	**375**
PCT[34]	81.1	91.7	85.2	19779
本书方法	**94.0**	**97.9**	**95.9**	3596

时间开销方面，本书的方法则不如另外两种基于特征点的方法。根据观察，在本书的方法中，特征提取阶段占据了绝大部分时间（约 4/5），这有两方面原因：首先是本书的方法以更密集的方式提取特征，这显著地增加了特征点的数量；其次，本书对 MROGH 描述子的实现未经优化，这也导致了极大的时间开销。相比而言，文献 [34] 中方法则需要过大的时间开销，这使得该方法很难应用于大规模的拷贝检测。

2. 鲁棒性测试

本节基于前述的 Christlein 数据集中的几个子集，针对各种图像降质情况进行一系列的鲁棒性测试。

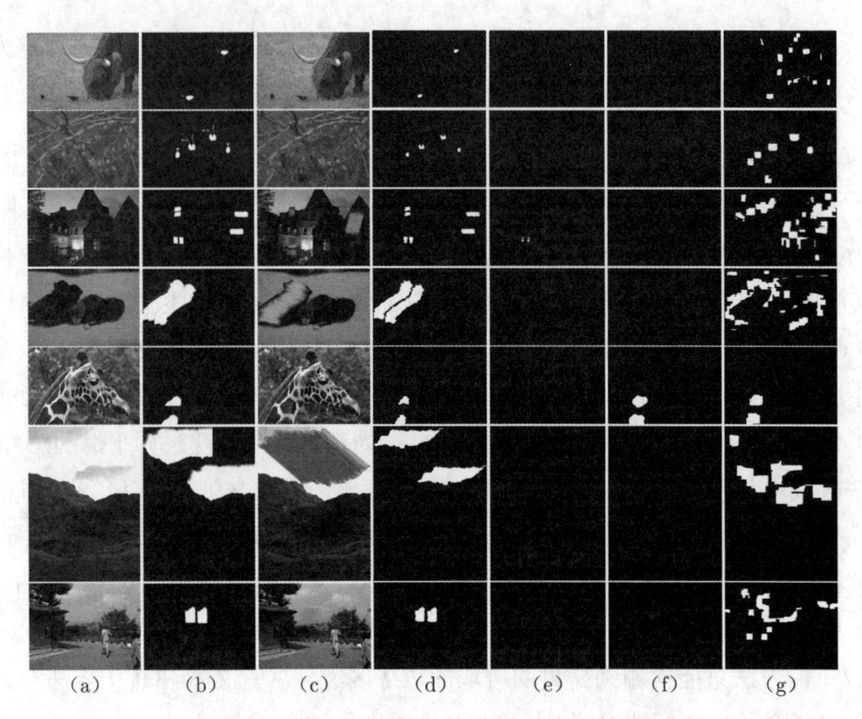

图 2.22 本书的方法与其他方法的检测结果展示

（1）抗 JPEG 压缩能力。几种方法的检测结果如图 2.23 所示。本书的方法在 precision 和 F_1 score 方面全面超越了其他 3 种方法，在 recall 方面，除了在质量因子为 30 的情况下比文献 [28] 中方法低约 4%，其他均好于其他 3 种方法。

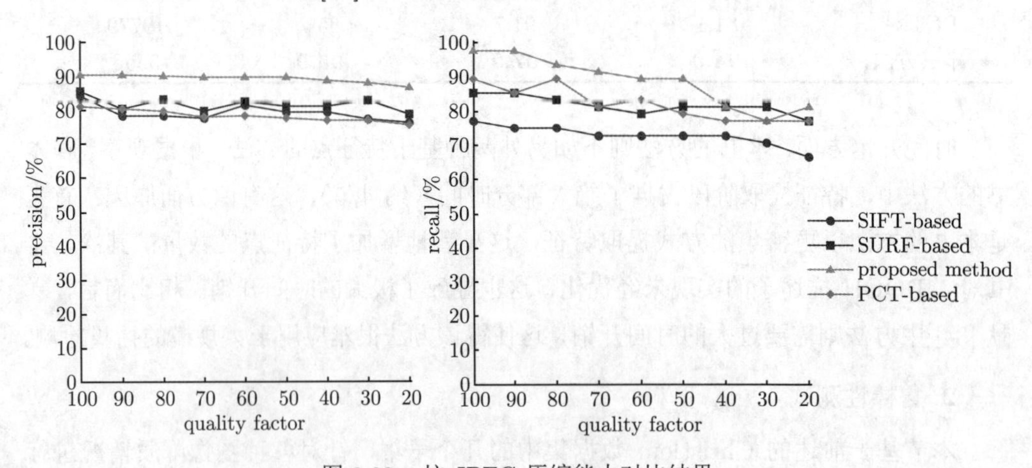

图 2.23 抗 JPEG 压缩能力对比结果

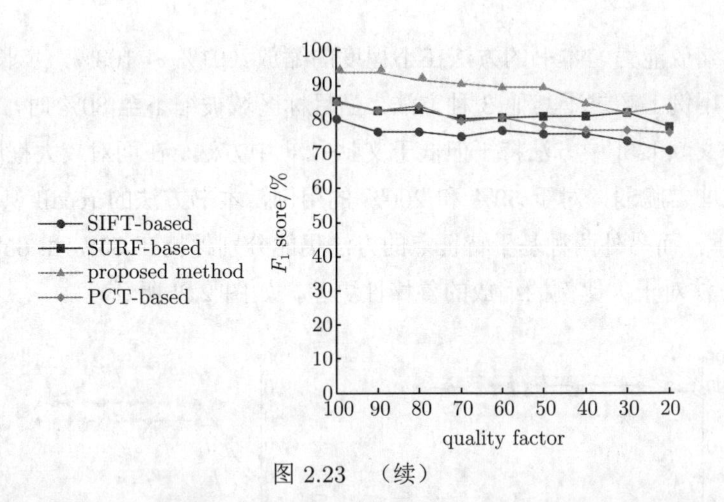

图 2.23　（续）

（2）抗旋转能力。如图 2.24 所示，本书的方法对于旋转攻击相当鲁棒。在最差的情况下能够达到 89.6% 的 recall （60°）。此外，本书的方法所对应的曲线斜率更小，这表明对旋转的鲁棒性优于其他 3 种方法。

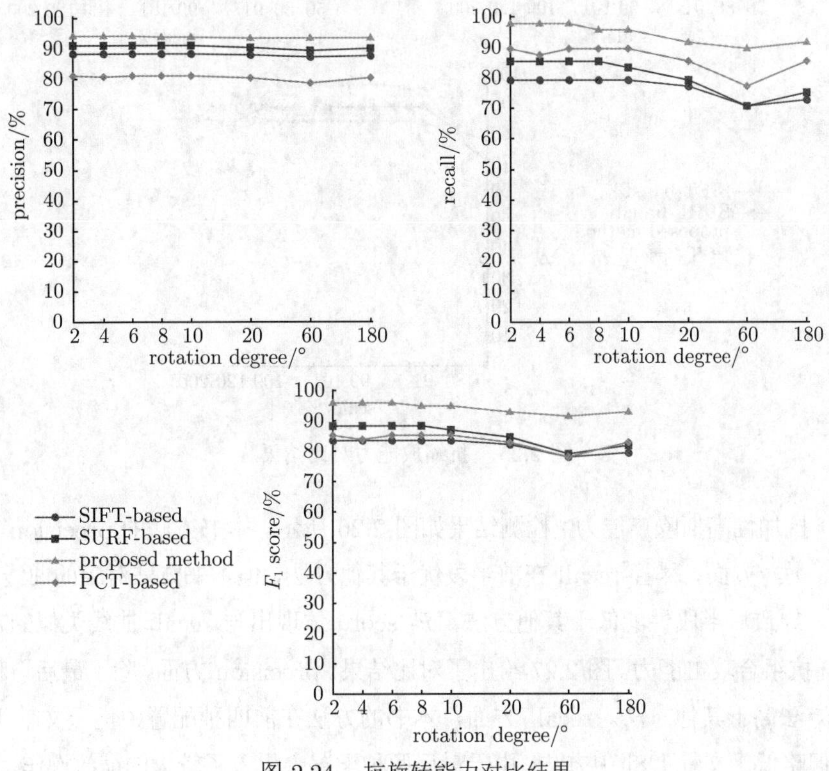

图 2.24　抗旋转能力对比结果

（3）抗缩放能力。本书的方法在小程度的缩放（91% ~ 109%，步长为 2%）以及 120% 的用例上超过了其他 3 种方法。当目标区域被缩小至 80% 时，本书方法的性能能够与文献 [25] 中方法持平但低于文献 [28] 中方法。在面对较大程度的缩放时，本书的方法非常脆弱，对于 50% 和 200% 的用例，本书方法的 recall 甚至急剧下降至 20% 以下，而另外两种基于特征点的方法仍能分别保持在 55% 和 65% 以上。文献 [34] 中方法对于大比例的缩放的鲁棒性更差，如图 2.25所示。

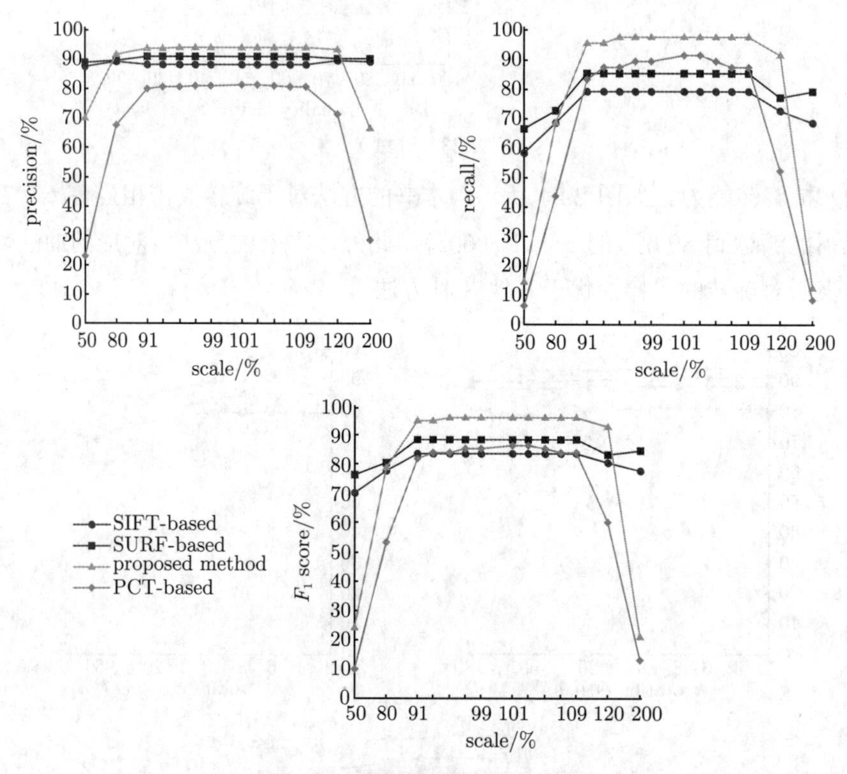

图 2.25 抗缩放能力对比结果

（4）抗加性高斯噪声能力。检测结果如图 2.26 所示。本书方法的 precision 高于其他方法，另一方面，尽管 recall 在前半段优于其他方法，但本书方法对应的曲线下降速度更快，导致后半段性能低于其他方法。F_1 score 体现出与 recall 曲线类似的趋势。

（5）抗组合攻击能力。图 2.27 给出了对比结果。precision 方面，除了最后一种配置，本书的方法高于其他方法。recall 方面，本书的方法在前四种配置中优于文献 [25, 34] 中方法但略低于文献 [28] 中方法。由于最后两种配置中引入了较大的缩放操作，本书的方法远低于其他两种基于特征点的方法。此时基于块的方法 [34] 的性能同样急速下降。

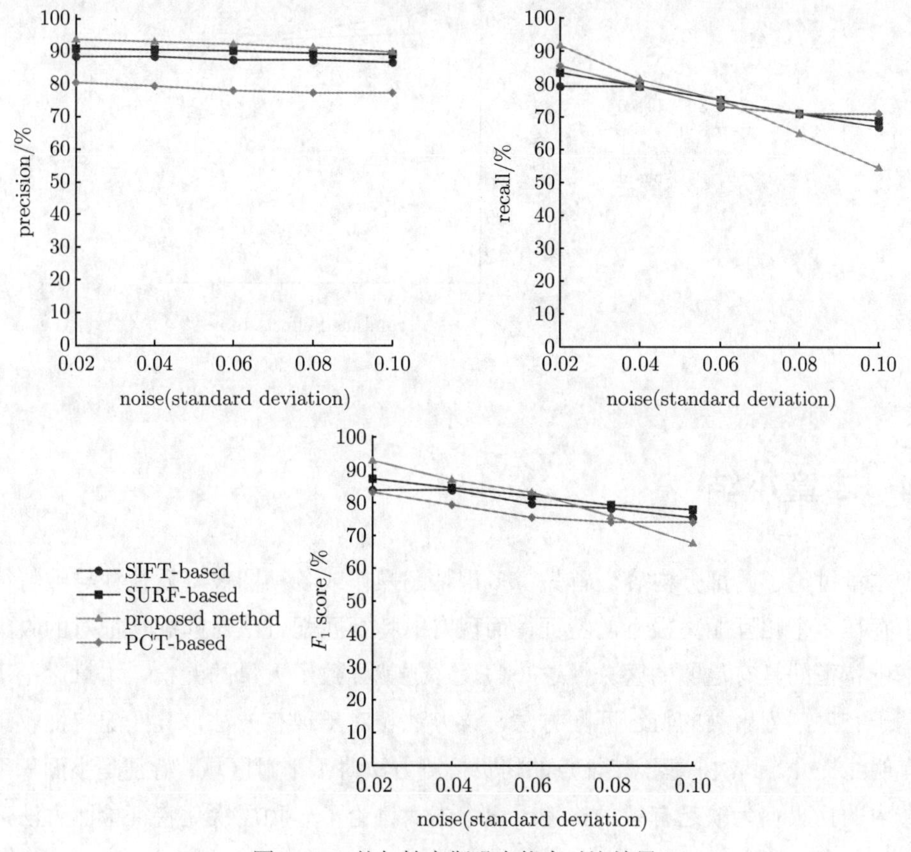

图 2.26　抗加性高斯噪声能力对比结果

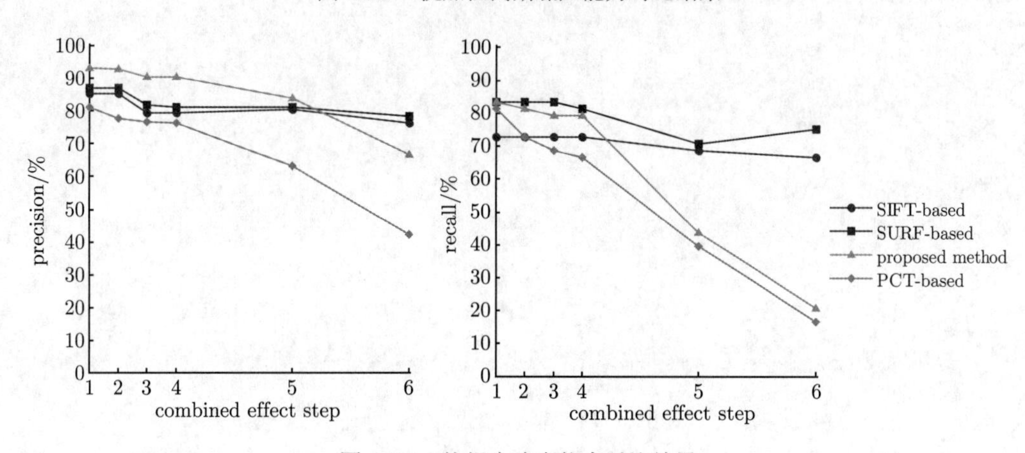

图 2.27　抗组合攻击能力对比结果

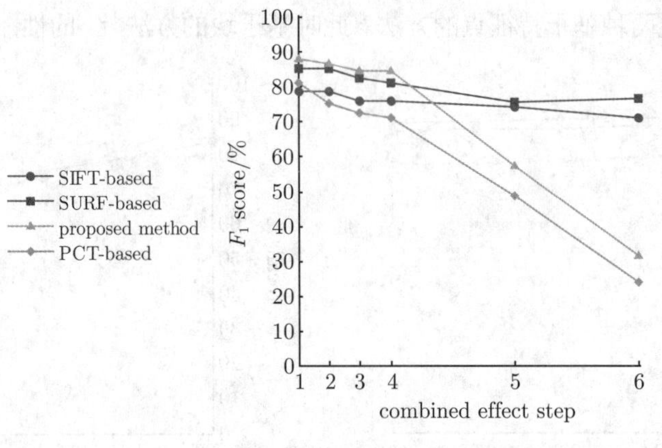

图 2.27 （续）

2.4 本章小结

本章讨论了两部分内容。首先，多重粘贴操作或各种图像降质往往导致特征空间中存在多个相互距离极近的特征，而现有的特征匹配方法对匹配特征对的收集却是基于特征间具有足够的区分性这一假设，这就导致了大量的漏检。本章讨论了一种基于有序序列聚类的特征匹配方法，该方法相对于现有方法，真匹配特征收集能力有明显提升。其次，基于特征点的拷贝检测方法对于平滑区域，特别是小面积平滑区域内的拷贝行为缺乏有效的检测手段，本章讨论了一种层次化特征检测方法，并结合特征融合技术，解决了这一问题。

第 3 章

基于DCT系数分析的JPEG压缩历史不一致检测

3.1 引言

在基于 DCT 系数分析的图像篡改检测方法中，关注的是不同感知对象所对应的 DCT 块的 JPEG 压缩历史是否一致。对这类方法而言，式（1.11）

$$\mathcal{D}(T_m^{U_i}(\cdot), T_m^{U_j}(\cdot)) > \varepsilon \ (1 \leqslant i, j \leqslant n, i \neq j)$$

中的变换 $T_m^{U_i}(\cdot)$ 和 $T_m^{U_j}(\cdot)$ 即对感知对象 O_i 和 O_j 进行 JPEG 压缩的过程。压缩历史的不一致体现为压缩过程中采用的量化步长的差异。因此，式（1.11）此时可具体化为

$$|Q_i - Q_j| > 0$$

即 $Q_i \neq Q_j$。其中，Q_i 和 Q_j 分别为感知对象 O_i 和 O_j 在量化阶段采用的量化步长。

为了在待检测图像中追溯各 DCT 块所对应的量化矩阵，可以将 DCT 系数的分布建模为一个篡改成分和非篡改成分的线性混合模型，并对混合模型的两种成分进行分离。混合模型的分离通常涉及两个参数的估计：首先是被篡改区域在整幅图像中所占的比例 α，其次是待检测图像在初次压缩中采用的量化步长 Q_1。现有的方法普遍以全盲的方式估计 α 和 Q_1，而未考虑混合模型自身的特性和在 JPEG 图像篡改检测这一具体问题中需要遵循的约束，这使得参数估值往往不准确。基于混合模型对应的似然曲面的平滑特性以及 α 只能在一离散集中取值这一约束，本章提出了更为有效的参数估计方法。

3.2 JPEG 压缩及双重量化效应

一幅经过篡改的 JPEG 图像至少经历两次 JPEG 压缩，本节首先分析 DCT 系数分布在每一次有损压缩后的变化规律。这种变化规律是基于 DCT 系数分析的 JPEG 图像篡改检测技术的基本原理，基于这种规律，可以根据 DCT 系数的分布发现压缩历史不一致的区域。

在 JPEG 压缩的过程中，图像首先被转换到 YCbCr 色彩空间，在 Cb 和 Cr 分量被降采样 2 倍后，亮度和色度分量的各个像素点值分别减去 128。此后，对各个分量分别进行下述操作。

（1）分块 DCT 变换。亮度和色度分量均被划分为 8×8 的子块，对每个子块进行 DCT 变换。

（2）量化。每个 DCT 块中的每个系数除以某个量化步长后，对得到的结果进行四舍五入。

（3）对量化后的 DCT 系数进行熵编码。

JPEG 图像的解码即上述步骤的逆过程，主要包括熵解码、反量化和 IDCT（Inverse DCT）变换。

在整个过程中，造成信息损失的原因包括量化过程中的舍入操作和截断误差。作为信息损失的主要原因，量化操作会在 DCT 系数直方图中留下一定的痕迹。为了让量化效果更为直观，本书在图 3.1 中分别展示了某一原始信号（图 3.1（a））及该信号在单次量化（图 3.1（b））和双重量化（图 3.1（c））后的直方图，两次量化的步长分别为 2 和 3。在图 3.1 中可以观察到，在每一轮压缩后，直方图变得更为稀疏，且特征更为显著。下面将通过分析说明直方图的变化是服从特定规律的。

对于一幅双重压缩的图像，令 C_{NQ} 为首次压缩前未量化的 DCT 系数，假设在第二次量化后， C_{NQ} 量化为 C_{DQ} ，则 C_{NQ} 和 C_{DQ} 满足

$$\left[\left[\frac{C_{NQ}}{Q_1}\right]\frac{Q_1}{Q_2}\right] = C_{DQ} \tag{3.1}$$

其中，Q_1——首次压缩时采用的量化步长；Q_2——第二次压缩时采用的量化步长；$[\cdot]$——四舍五入操作。

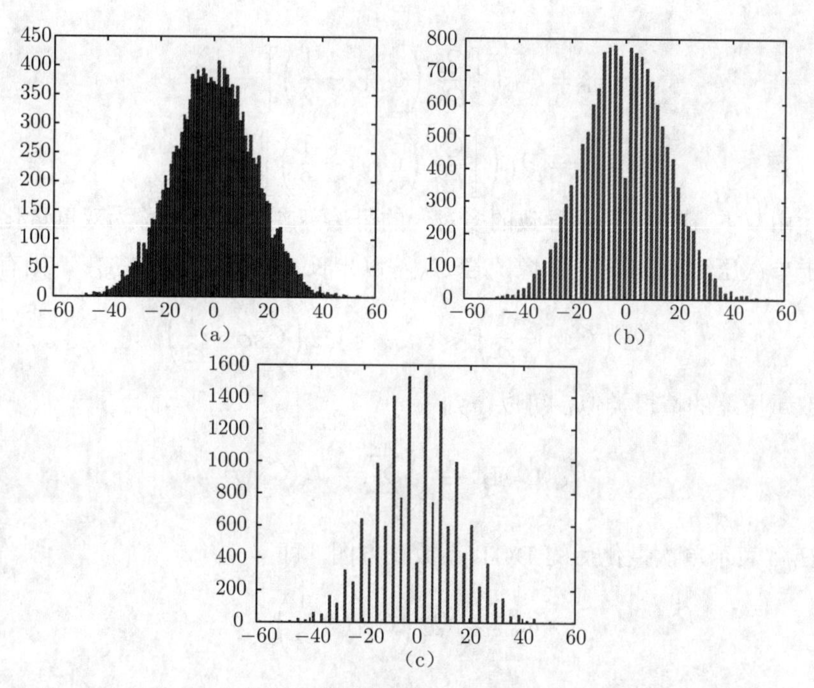

图 3.1 某一正态分布的原始信号及其在单次量化和双重量化后的直方图

因此有

$$C_{DQ}-\frac{1}{2}\leqslant\left[\frac{C_{NQ}}{Q_1}\right]\frac{Q_1}{Q_2}<C_{DQ}+\frac{1}{2} \tag{3.2}$$

进而

$$\left\lceil\frac{Q_2}{Q_1}\left(C_{DQ}-\frac{1}{2}\right)\right\rceil-\frac{1}{2}\leqslant\frac{C_{NQ}}{Q_1}<\left\lfloor\frac{Q_2}{Q_1}\left(C_{DQ}+\frac{1}{2}\right)\right\rfloor+\frac{1}{2} \tag{3.3}$$

即

$$Q_1\left(\left\lceil\frac{Q_2}{Q_1}\left(C_{DQ}-\frac{1}{2}\right)\right\rceil-\frac{1}{2}\right)\leqslant C_{NQ}<Q_1\left(\left\lfloor\frac{Q_2}{Q_1}\left(C_{DQ}+\frac{1}{2}\right)\right\rfloor+\frac{1}{2}\right) \tag{3.4}$$

式（3.4）表明，在双重量化过程中，DCT 系数直方图的演化是确定性的：在式(3.5)所示范围内的未量化 DCT 系数在双重量化之后,会被映射到第 C_{DQ} 个 bin 中,即

$$\left[Q_1\left(\left\lceil\frac{Q_2}{Q_1}\left(C_{DQ}-\frac{1}{2}\right)\right\rceil-\frac{1}{2}\right),Q_1\left(\left\lfloor\frac{Q_2}{Q_1}\left(C_{DQ}+\frac{1}{2}\right)\right\rfloor+\frac{1}{2}\right)\right] \tag{3.5}$$

若令 H 和 H_{Q_1,Q_2} 分别表示未量化和双重量化后的 DCT 系数直方图，则有

$$H_{Q_1,Q_2}(C_{DQ})=\sum_{C_{NQ}=u_{\min}}^{u_{\max}}H(C_{NQ}) \tag{3.6}$$

其中，

$$u_{\min} = Q_1\left(\left\lceil \frac{Q_2}{Q_1}\left(C_{DQ} - \frac{1}{2}\right)\right\rceil - \frac{1}{2}\right) \tag{3.7}$$

$$u_{\max} = Q_1\left(\left\lfloor \frac{Q_2}{Q_1}\left(C_{DQ} + \frac{1}{2}\right)\right\rfloor + \frac{1}{2}\right) \tag{3.8}$$

上述由双重 JPEG 压缩导致的多对一的可追溯映射通常被称为双重量化效应。

对于单次压缩的 JPEG 图像，若 C_{NQ} 以步长 Q_2 被量化为 C_{SQ}，则有

$$Q_2\left(C_{SQ} - \frac{1}{2}\right) \leqslant C_{NQ} < Q_2\left(C_{SQ} + \frac{1}{2}\right) \tag{3.9}$$

与双重压缩的情形类似，可以得到

$$H_{Q_2}(C_{SQ}) = \sum_{C_{NQ}=u_{\min}}^{u_{\max}} H(C_{NQ}) \tag{3.10}$$

其中，H_{Q_2} 表示单次量化后的 DCT 系数直方图，即

$$u_{\min} = Q_2\left(C_{SQ} - \frac{1}{2}\right) \tag{3.11}$$

且

$$u_{\max} = Q_2\left(C_{SQ} + \frac{1}{2}\right) \tag{3.12}$$

式（3.6）与式（3.10）明确给出了量化与未量化 DCT 系数直方图之间的关系，这种明确的关系表明，若未量化 DCT 系数的直方图可知，或可近似估计，对于任意给定的 Q_1 和 Q_2，均可推导出相应的单次和双重量化的 DCT 系数直方图（存在由舍入和截断操作导致的误差）。

3.3 篡改区域单次量化假说

Lin 等人在文献 [61] 中方法提出了“篡改区域单次量化假说”，现有的大多数基于 DCT 系数分析的 JPEG 图像拼接取证方法以该假说为基础展开研究。篡改区域单次量化假说指出：若一幅 JPEG 图像的局部区域被篡改，而后该图像再次被保存为 JPEG 格式，那么在篡改后的图像中，非篡改区域所对应的 DCT 系数直方图表现出双重量化效应，而篡改区域的 DCT 系数直方图则仅表现出单次压缩的特征。对于绝大多数篡改行为而言，该假说都是合理的，根据具体情况的不同，其原因主要包括以下几点。

（1）若篡改区域来源于一幅未曾压缩过的图像，例如 BMP 图像，那么该区域显然只经历一次压缩（在其被保存为 JPEG 图像时）。

（2）篡改区域可能来自另一幅 JPEG 图像或被篡改图像本身，但若篡改区域的原始 DCT 网格与被篡改图像的原始网格没有恰好对齐，则篡改区域内部的原始 DCT 块（图 3.2 中的浅色块）会被打散并按照被篡改图像的网格进行重组。显然，由于不同频率上的 DCT 系数对应着不同的量化步长，这些 DCT 块中的系数不会按照式（3.6）中的双重量化效应的规律进行演化。由于篡改图像首先考虑的是内容方面的因素，篡改区域的原始网格和被篡改图像的 DCT 网格恰好对齐的可能性极小。

（3）即使篡改区域的原始网格和被篡改图像的 DCT 网格恰好对齐，当篡改区域不是各边长恰好为 8 的整数倍的矩形时，篡改区域边缘的 DCT 块（图 3.2 中的深色块）中的系数变化也不会符合双重量化效应。此外，平滑等后处理操作也会破坏原始的压缩痕迹，使得被改变的区域不具有双重压缩的特性。

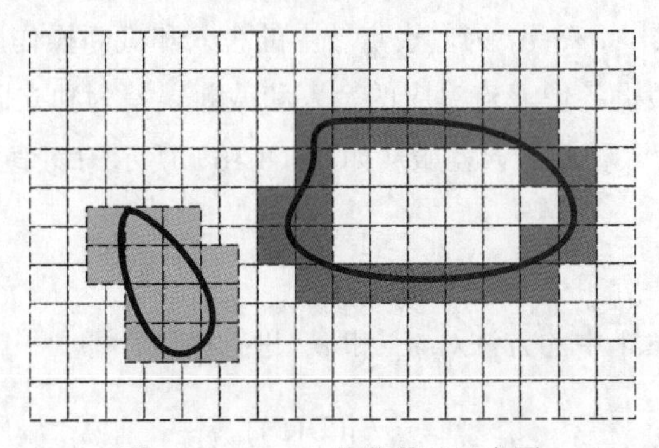

图 3.2　JPEG 图像篡改示意图

图注：图中的每个虚线方框表示一个 DCT 块；带有黑色粗边的不规则形状表示篡改区域

3.4 约束条件下基于 DCT 系数分析的 JPEG 图像拼接检测

3.4.1 JPEG 图像 DCT 系数分布混合模型

根据篡改区域单次量化假说，在一幅 JPEG 图像被篡改并重新保存为 JPEG 格式后，篡改区域的 DCT 系数服从单次量化的演化规律，而非篡改区域的 DCT 系数分布则呈现出经过双重量化的特性。因此，若令 $p_{SC}(x;Q_2)$ 为以步长 Q_2 进行量化后 DCT 系数的分布（对应篡改区域），$p_{DC}(x;Q_1,Q_2)$ 为分别以步长 Q_1 和 Q_2 进行双重量化后 DCT 系数的分布（对应非篡改区域），则篡改后 JPEG 图像中每一频率 (u,v) 上的 DCT 系数分布 $p(x)$ ①都可以建模为篡改成分和非篡改成分的线性混合模型，即

$$p(x)=\alpha\cdot p_{SC}(x;Q_2)+(1-\alpha)\cdot p_{DC}(x;Q_1,Q_2) \tag{3.13}$$

其中，α 为被篡改的 DCT 块的比例。

根据式（3.10）与式（3.6）可以得到

$$p_{SC}(x;Q_2)=\sum_{v=Q_2x-Q_2/2}^{Q_2x+Q_2/2}p_0(v) \tag{3.14}$$

和

$$p_{DC}(x;Q_1,Q_2)=\sum_{v=Q_2x-Q_2/2}^{Q_2x+Q_2/2}p_1(v;Q_1)*g(v) \tag{3.15}$$

其中，$*$ 表示卷积操作，$g(v)$ 为像素点域上的舍入和截断操作所导致的 DCT 域的误差的分布。本书假设各像素点对应的舍入和截断误差为独立同分布，那么根据中心极限定理，可知舍入和截断误差服从如式（3.16）所示的均值为 μ_e、方差为 σ_e 的高斯分布，即

$$g(v)=\frac{1}{\sqrt{2\pi}\sigma_e}e^{-(v-\mu_e)^2/\sigma_e^2} \tag{3.16}$$

本书采用文献 [63] 中的方法对 μ_e 和 σ_e 进行估计，即

$$\mu_e=E[(\mathfrak{D}(\mathcal{E}))_{u,v}] \tag{3.17}$$

$$\sigma_e^2=Var[(\mathfrak{D}(\mathcal{E}))_{u,v}] \tag{3.18}$$

其中，$E[\cdot]$ 和 $Var[\cdot]$ 分别表示求期望和方差，函数 $\mathfrak{D}(\cdot)$ 表示分块 DCT 变换，$(\mathfrak{D}(\mathcal{E}))_{u,v}$ 表示舍入和截断误差 $\mathcal{E}$ 在频率 (u,v) 上对应的 DCT 系数，$\mathcal{E}$ 则通过式（3.19）进行近似，即

$$\mathcal{E}=\mathfrak{D}^{-1}(\mathfrak{Q}^{-1}(C))-I \tag{3.19}$$

其中，$\mathfrak{D}^{-1}(\cdot)$——分块 DCT 逆变换；$\mathfrak{Q}^{-1}(\cdot)$——反量化操作；C——输入图像的 DCT 系数；I——输入图像。

① 本章关于 DCT 系数分布的讨论均是指某一频率 (u,v) 上的系数分布。为方便起见，下文中对于共性的问题均省略频率标记 (u,v)，只在必要时进行标记和说明。

此外，式（3.15）中的 $p_1(v;Q_1)$ 定义为

$$p_1(v;Q_1)=\begin{cases}\displaystyle\sum_{u=v-Q_1/2}^{v+Q_1/2} p_0(u) & v=kQ_1\\ 0 & \text{otherwise}\end{cases}\tag{3.20}$$

其中，$p_0(u)$ 为在首次压缩前未量化的 DCT 系数分布。尽管对于一幅图像无从得知它的每个像素点在压缩前的实际值，但根据文献 [114] 中方法，$p_0(u)$ 可以通过对解码图像进行轻微裁剪后再次执行分块 DCT 变换实现近似，其流程如图 3.3（a）所示：首先对输入图像的 DCT 系数进行反量化和 DCT 逆变换，将得到的矩阵的第一行和第一列元素（以深色方块表示）删除后，对裁剪后的矩阵再次进行分块 DCT 变换。实际值（ground truth）与近似结果分别如图 3.3（b）和图 3.3（c）所示，可以看到，按照上述流程可以获得与真实分布非常接近的结果。

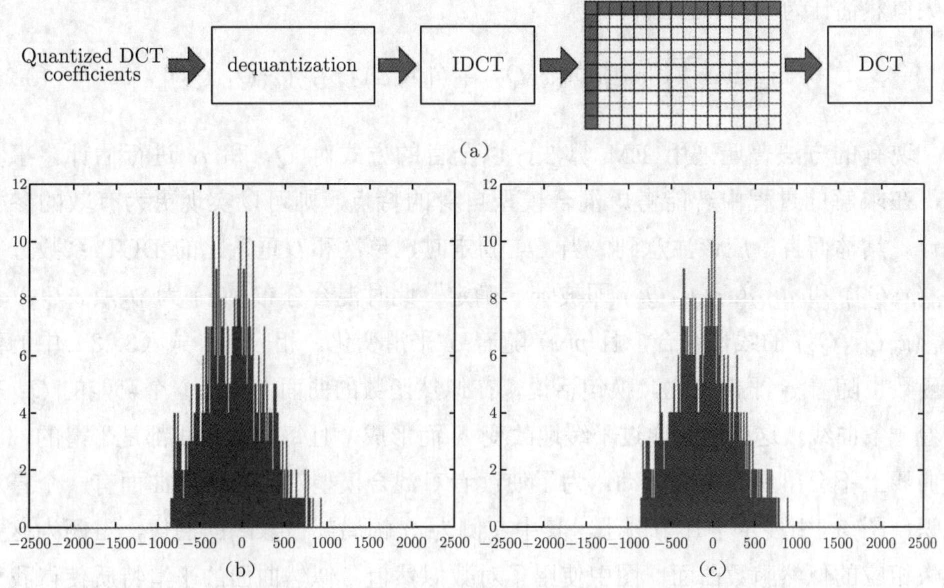

图 3.3　获取未量化 DCT 系数的近似分布流程图及近似值与实际情况的比较

3.4.2　约束条件下的混合模型参数估计

回顾 3.4.1 节式（3.13）中的混合模型，由于 Q_2 可以从待检测图像文件头中直接提取，而 $p_0(u)$ 和 $g(v)$ 可以间接地近似估计，因此若能确定模型中的 Q_1 和 α 这两个参数，就可以将混合模型分离，并确定每个频率 (u,v) 所对应的 $p_{SC}(x;Q_2)$ 和

$p_{DC}(x;Q_1,Q_2)$，这意味着对于任何频率 (u,v) 上的任意 DCT 系数 x，均可以通过似然比

$$R = p_{DC}(x;Q_1,Q_2)/p_{SC}(x;Q_2) \tag{3.21}$$

判断 x 所属的 DCT 块是否被篡改。显然，当 $R<1$ 时，意味着该 DCT 块经历单次量化的可能性大于双重量化的可能性，即该块经过篡改。由于每个 DCT 块的大小为 8×8，因此应该综合考察多个有效频率。当在水平和垂直方向上都考虑前 k 个有效频率时，似然比应改写为

$$R = \prod_{u,v=1}^{k} [p_{DC}^{u,v}(x;Q_1,Q_2)/p_{SC}^{u,v}(x;Q_2)] \tag{3.22}$$

其中，$p_{DC}^{u,v}$ 和 $p_{SC}^{u,v}$ 分别表示频率 u、v 上单次量化和双重量化后 DCT 系数的分布。

下面讨论参数 Q_1 和 α 的估计方法。按照式（3.13）中的混合模型，Q_1 和 α 的极大似然估计为

$$\arg\max_{\alpha,Q_1} \prod_{x} [\alpha \cdot p_{SC}(x;Q_2) + (1-\alpha)\cdot p_{DC}(x;Q_1,Q_2)] \tag{3.23}$$

现有的方法普遍采用 EM 算法，以全盲的方式对 Q_1 和 α 进行估计。事实上，在求解的过程中若能考虑混合模型自身的特点，则可以实现更为有效的参数估计。具体而言，应该注意到，当 Q_1 固定时，单次和双重量化的 DCT 系数分布 $p_{SC}(x;Q_2)$ 和 $p_{DC}(x;Q_1,Q_2)$ 即被唯一确定，此时混合分布 $p(x)$ 为 $p_{SC}(x;Q_2)$ 和 $p_{DC}(x;Q_1,Q_2)$ 的线性组合，且 $p(x)$ 随着 α 平滑变化。相应地，式（3.23）中的似然函数也随着 α 平滑变化。换句话说，在似然函数的曲面上，每一个可能的 Q_1 对应着一条曲线，这些曲线通过平缓地改变 α 而形成，且每一条曲线都是平滑的，即在曲线上不会出现显著的波动。为了使读者对混合模型对应的似然曲面有一个直观认识，图 3.4中展示了几个例子，其中左侧为 3 幅局部被篡改的图像，右侧为这些图像相应的似然函数曲面，图中使用了对数似然值。似然曲面的平滑特质使得我们可以通过在似然曲面上进行粗粒度的搜索确定 Q_1 和 α 的一对初始值 $Q_{1,0}$ 和 α_0。以 $Q_{1,0}$ 和 α_0 为起点，可以通过梯度上升法逼近曲面上的极大值点。由于对于任何一个频率而言，Q_1 的取值范围都极其有限，因此在 Q_1 的方向上可以通过遍历的方式搜索是否有 Q_1 对应着更大的似然值，而只在 α 方向上进行梯度上升，即

$$\alpha_{t+1} = \alpha_t + \gamma \cdot \frac{\partial L}{\partial \alpha} \tag{3.24}$$

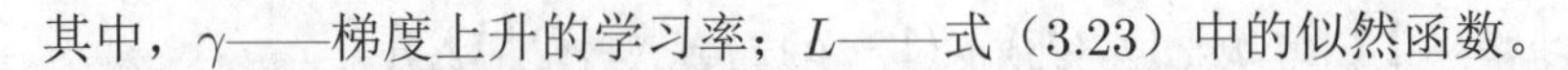
其中，γ——梯度上升的学习率；L——式（3.23）中的似然函数。

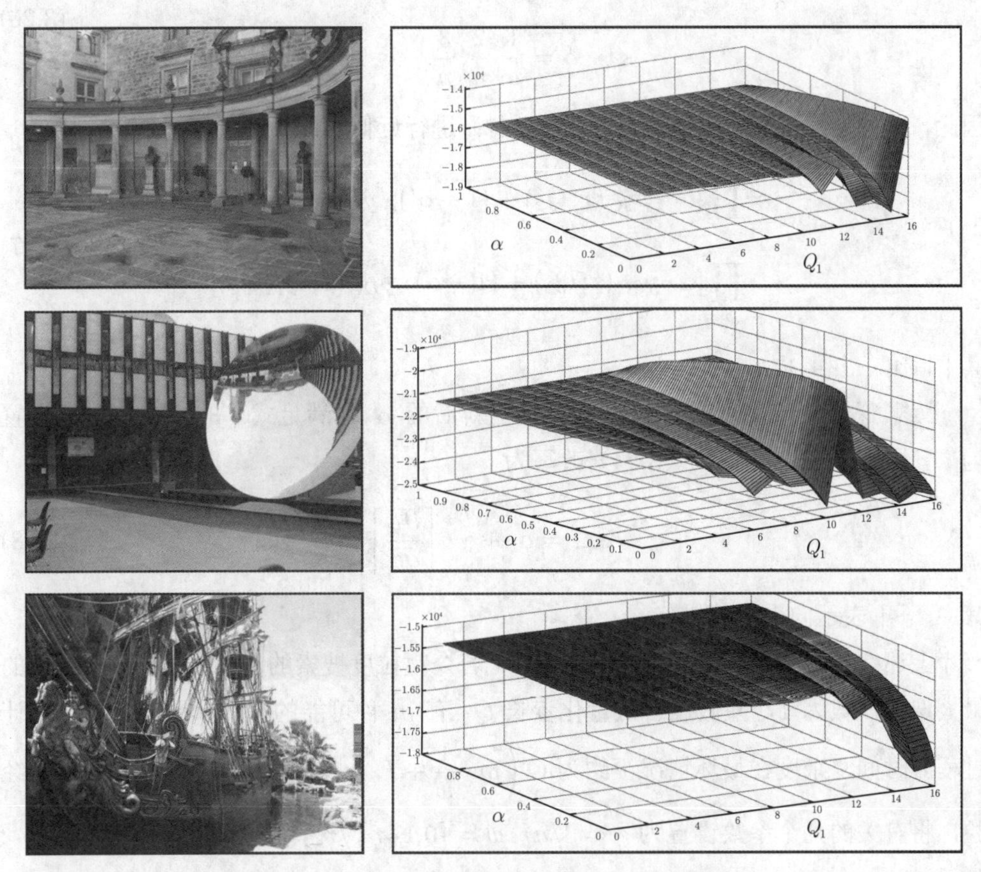

图 3.4　几幅篡改图像及其对应的似然函数曲面

这里需要强调的是，如果没有似然函数曲面的这种平滑特质，则在上述过程中粗粒度搜索和梯度上升都会受到局部极值的困扰，从而无法得到准确的参数估值。

采用梯度上升法的一个问题在于如何确定似然函数在 α 方向上的偏导。由于似然函数并不存在显式的解析形式，在梯度上升中，采用似然函数的差分近似偏导。本书借助关于参数 α 的一个自然约束确定差分的步长：由于被篡改的 DCT 块数量只可能为整数，因此 α 只能在一个有限离散集合中取值，所以有

$$\alpha = \frac{1}{n}, \frac{2}{n}, \frac{3}{n}, \cdots, 1 \tag{3.25}$$

其中，n 为 DCT 块的总数。此时，实际求解的极大似然估计问题应改写为

$$\begin{aligned}&\arg\max_{\alpha,Q_1}\prod_x\left[\alpha\cdot p_{SC}(x;Q_2)+(1-\alpha)\cdot p_{DC}(x;Q_1,Q_2)\right]\\&\text{s.t.}\quad \alpha=\frac{1}{n},\frac{2}{n},\frac{3}{n},\cdots,1\end{aligned}\tag{3.26}$$

因此，式（3.24）中的偏导应按照式（3.27）进行近似，即

$$\begin{aligned}\frac{\partial L}{\partial\alpha}\approx&\prod_x\left[\alpha'\cdot p_{SC}(x;Q_2)+(1-\alpha')\cdot p_{DC}(x;Q_1,Q_2)\right]-\\&\prod_x\left[\alpha\cdot p_{SC}(x;Q_2)+(1-\alpha)\cdot p_{DC}(x;Q_1,Q_2)\right]\end{aligned}\tag{3.27}$$

其中，$\alpha'=\alpha+1/n$。

为了保证在梯度上升过程中每一轮更新后的 α 均满足式（3.25），把 γ 设置为 i/n 的整数倍，并把式（3.24）改写为

$$\alpha_{t+1}=\alpha_t+\gamma\cdot\left\lceil\frac{\partial L}{\partial\alpha}\right\rceil\tag{3.28}$$

其中，$\lceil\cdot\rceil$ 表示向上取整操作。

上述参数估计的详细过程请见算法 1。若令粗粒度搜索的步长为 w，梯度上升的最大迭代次数为 I，并假设首次量化步长 Q_1 有 m 种可能的取值，则上述参数估计过程的时间复杂度在最坏情况下约为 $O\left(m\cdot\dfrac{1}{w}+I\cdot m\right)$。在本书的实验中，根据经验，将有关的几个参数设置为 $\gamma=3/n$，$w=\lceil 0.1\cdot n\rceil/n$， $I=20$。

算法 1 约束条件下 α 和 Q_1 的估计

输入: 粗粒度搜索步长 w；单次量化和双重量化对应的 DCT 系数分别为 $p_{SC}(x;Q_2)$ 和 $p_{DC}(x;{Q^{(i)}}_1,Q_2)$，以及所有可能的首次量化步长 ${Q^{(i)}}_1,i=1,2,\cdots,m$；DCT 块的总数 n；梯度上升最大迭代次数 I；收敛阈值 T_L

输出: Q_1

1: {粗粒度搜索}
2: $L_{max}\leftarrow-\infty$; $\alpha_{cur}\leftarrow 0$;
3: **while** $\alpha_{cur}<1$ **do**
4:   **for** $i=1$ to m **do**
5:     $L\leftarrow\prod_x\left[\alpha_{cur}\cdot p_{SC}(x;Q_2)+(1-\alpha_{cur})\cdot p_{DC}(x;Q_1^{(i)},Q_2)\right]$;
6:     **if** $L>L_{max}$ **then**
7:       $L_{max}\leftarrow L$; $\alpha_0\leftarrow\alpha_{cur}$; $Q_{1,0}\leftarrow Q_1^{(i)}$;

8:　　end if
9:　end for
10:　$\alpha_{cur} \leftarrow \alpha_{cur} + w$;
11: **end while**
12: {梯度上升}
13: $cnt \leftarrow 0$; $D_L \leftarrow -\infty$; $Q_{1,cur} \leftarrow Q_{1,0}$; $\alpha_{cur} \leftarrow \alpha_0$;
14: **while** $cnt < I$ and $D_L < T_L$ **do**
15:　$cnt \leftarrow cnt + 1$;
16:　$L_{prev} \leftarrow \prod_x [\alpha_{cur} \cdot p_{SC}(x; Q_2) + (1 - \alpha_{cur}) \cdot p_{DC}(x; Q_{1,cur}, Q_2)]$;
17:　$\alpha_{cur} \leftarrow \alpha_{cur} + \gamma \cdot \left\lceil \frac{\partial L}{\partial \alpha} \right\rceil$;
18:　$L_{max} \leftarrow \prod_x [\alpha_{cur} \cdot p_{SC}(x; Q_2) + (1 - \alpha_{cur}) \cdot p_{DC}(x; Q_{1,cur}, Q_2)]$;
19:　**for** $i = 1$ to m **do**
20:　　$L \leftarrow \prod_x [\alpha_{cur} \cdot p_{SC}(x; Q_2) + (1 - \alpha_{cur}) \cdot p_{DC}(x; Q_1^{(i)}, Q_2)]$;
21:　　**if** $L > L_{max}$ **then**
22:　　　$L_{max} \leftarrow L$; $Q_{1,cur} \leftarrow Q_1^{(i)}$;
23:　　**end if**
24:　**end for**
25:　$D_L \leftarrow L_{max} - L_{prev}$;
26: **end while**
27: $Q_1 \leftarrow Q_{1,cur}$;

3.5　实验结果及分析

3.5.1　数据集

为了测试算法性能，本书基于 UCID [115] 图像库中前 100 幅文件名以数字 1 结尾（例如 ucid00011.tiff，ucid00891.tiff 等）的图像构造了测试数据集。按照文献 [63–64] 中的方式，首先将每一幅原始图像以质量因子 QF_1（$QF_1 \in \{95, 90, 85, \cdots, 50\}$）进行压缩。对每一幅压缩过的图像，随机选择边长为 32~256 像素点的矩形区域，然后将该区域替换为对应的未压缩版本图像中同位置的图像块。然后，以质量因子 QF_2（$QF_2 \in \{100, 95, 90, \cdots, 50\}$）对篡改后的图像再次压缩。最终，对于每一幅原始图像，生成了 110 幅篡改图像，整个数据集包括 11000 幅篡改图像。

3.5.2 Q_1 估值的准确度测试

由于最终的篡改检测结果取决于式（3.22）中的似然比，而首次量化步长 Q_1 又决定了该似然比的取值，因此 Q_1 估值的准确程度决定了算法的篡改检测能力。本节对 Q_1 估值的准确度进行评估。在计算式(3.22)中的似然比时，本书采用每个 DCT 块中之字形顺序的前 16 个频率上的 DCT 系数分布，因此需要在相应的 16 个频率上估计量化步长。本节与文献 [63] 中的方法（在实验结果中记为 Bianchi et al.）进行了对比。对于每种 QF_1 和 QF_2 的组合，两种方法在 16 个频率上正确估计的首次量化步长的百分比（每种 QF_1 和 QF_2 的组合对应 100 幅篡改图像，故每种组合对应的测试用例总数为 $100 \times 16 = 1600$），如表 3.1 所示。

表 3.1 对于每种 QF_1 和 QF_2 的组合，正确估计的首次量化步长的百分比

			QF_2										
			100	95	90	85	80	75	70	65	60	55	50
QF_1	95	本书方法	**85.0**	**50.2**	**55.6**	20.6	14.0	6.1	6.2	9.8	5.1	0.9	2.9
		Bianchi[63]	60.0	13.2	20.3	0.1	0.3	0.2	0.1	0.1	0.1	0.0	0.2
	90	本书方法	99.9	**97.5**	12.4	**92.4**	**62.7**	**38.7**	**26.3**	**22.6**	**27.9**	**21.3**	**15.9**
		Bianchi[63]	99.4	74.3	1.3	57.6	13.8	0.3	0.4	0.1	0.2	0.7	0.3
	85	本书方法	99.8	99.7	**98.2**	0.1	**88.8**	**86.9**	**52.2**	**79.0**	**61.6**	**30.2**	**27.9**
		Bianchi[63]	99.8	99.8	51.8	0.0	46.2	73.9	16.4	32.9	22.9	4.9	1.0
	80	本书方法	99.9	99.8	98.6	**97.8**	0.1	**91.2**	**91.7**	74.8	**57.9**	78.6	**76.1**
		Bianchi[63]	99.9	99.8	98.8	48.5	0.0	39.6	76.6	68.6	43.3	76.7	55.1
	75	本书方法	99.9	99.8	99.9	**99.1**	**97.0**	0.3	**80.2**	**93.6**	81.1	62.1	**35.5**
		Bianchi[63]	99.9	99.8	99.6	86.3	52.5	0.0	35.4	75.3	74.1	62.1	19.6
	70	本书方法	99.9	99.5	97.4	95.9	97.8	**96.1**	0.1	**81.8**	92.3	86.4	70.3
		Bianchi[63]	99.9	99.5	97.5	96.2	88.4	66.3	0.0	63.1	86.8	87.6	74.2
	65	本书方法	99.9	99.1	99.9	97.6	97.2	95.7	**91.4**	0.0	**73.8**	82.8	90.6
		Bianchi[63]	99.9	99.1	99.6	98.1	96.9	94.6	65.8	0.0	61.5	86.4	84.0
	60	本书方法	99.8	99.1	95.9	98.6	91.4	93.8	93.6	**89.4**	0.0	64.9	88.8
		Bianchi[63]	99.9	99.2	95.9	98.6	91.6	87.4	86.9	65.3	0.0	61.5	86.6
	55	本书方法	99.8	98.9	99.6	94.4	96.1	96.1	97.1	93.0	**82.3**	0.0	57.1
		Bianchi[63]	99.9	98.9	99.3	94.5	95.4	96.5	75.8	85.6	71.1	0.0	49.9
	50	本书方法	99.7	98.8	98.2	97.3	98.4	97.6	97.3	91.2	96.2	**81.3**	0.1
		Bianchi[63]	99.8	98.8	98.2	97.1	98.4	95.1	96.0	91.2	97.1	70.9	0.0

可以看到，对于表 3.1 中对角线上的组合（即 $QF_1 = QF_2$ 的情况），两种方法的估值准确率都非常低。在对角线上，除了 $95 \sim 95$ 和 $90 \sim 90$ 这两种组合外，其他组合对应的估值准确率几乎为 0 。本书的方法和文献 [63] 中的方法的主要差异体现在表 3.1 中紧邻对角线的组合上，例如 $80 \sim 85$ 或 $90 \sim 85$ 等。对于这些组合，本书方法的结果远远超过文献 [63] 中方法的结果。此外对于一些 $QF_1 > QF_2$ 的组合，本书方法的估值准确率也远高于文献 [63]（表 3.1中的粗体部分）。对于这些组合中的大部分情况，本书方法比文献 [63] 中方法的估值准确率的提升都大于 10%，对于有些组合，准确率的提升了 50% 以上（如 $80 \sim 75$ 对应的结果）。但同时也可以发现，在本书方法的 110 种组合中，有 15 种组合略低于文献 [63] 中方法的准确率（表 3.1 中有下画线的结果。最坏情况为 3.9%，出现在 $QF_1 = 70$，$QF_2 = 50$ 的组合。对于大多数组合，差异小于 1%，这表明对于这些组合，本书方法得到的错误估值数约比文献 [63] 多 $100 \times 16 \times 1\% = 16$)，这可能是由两方面的原因导致。一方面，为了保证时间开销较小，本书中方法限定了梯度上升的最大迭代次数，因此梯度上升并不总能保证收敛到极值点；另一方面，本书用图 3.3所示的方法获得未量化 DCT 系数的分布，而有时这种近似并不准确。

在有些情况下，两种方法对首次量化步长的估值均不准确，然而，更接近真实值的估值显然对推演 DCT 系数的分布变化更为有利。因此，本书评估了两种方法对于 Q_1 估值的平均绝对误差（Mean Absolute Error，MAE）。图 3.5 中绘制了在

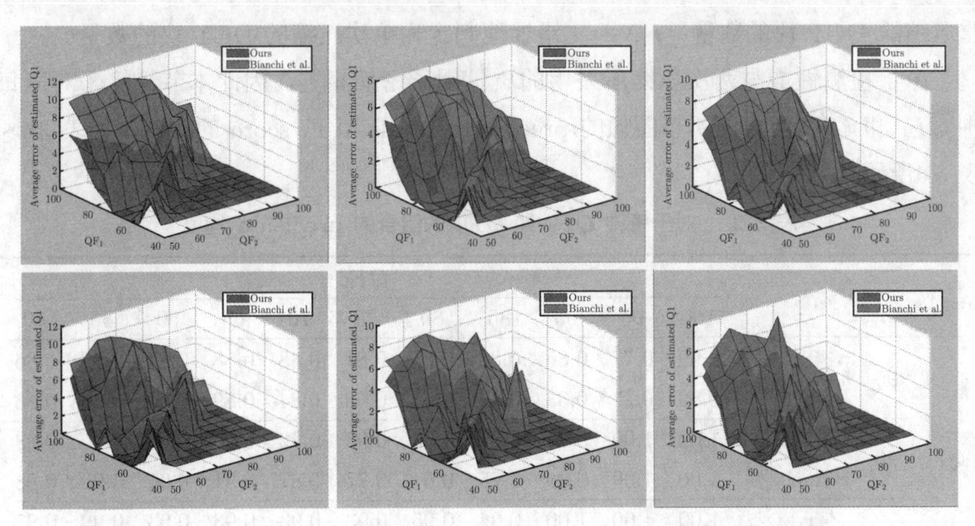

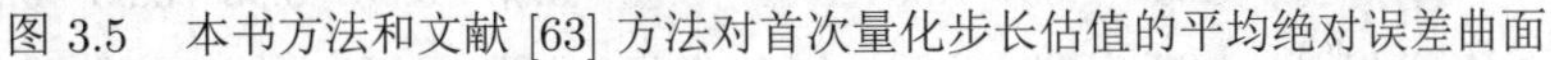

图 3.5　本书方法和文献 [63] 方法对首次量化步长估值的平均绝对误差曲面

前 6 个频率上，对于不同 QF_1 和 QF_2 的组合，两种方法对首次量化步长估值的平均绝对误差曲面。深色为文献 [63] 中方法的误差曲面，蓝色为本书方法的误差曲面。可以看到，在大多数情况下，本书的方法的平均绝对误差远低于文献 [63] 中方法。此外，对于 $QF_1 < QF_2$ 的组合，本书的方法和文献 [63] 中方法都能获得相当准确的 Q_1 估值。

3.5.3 篡改检测性能测试

在进行篡改检测时，对输入图像的每一个 DCT 块计算式（3.22）中的似然比，因此输入图像会对应着一幅似然比映射图（map），本书首先用 5×5 的高斯核对该似然比映射图进行平滑，然后以阈值 1（即 $p_{DC}(x;Q_1,Q_2) > p_{SC}(x;Q_2)$）将其二值化以生成最终的篡改区域二值映射图。篡改区域二值映射图中值为 1 的像素点对应着双重量化（未篡改）的 DCT 块，相应地，值为 0 的像素点值对应着单次压缩（篡改）的 DCT 块。本节以 DCT 块级的 precision、recall 和 F_1 score 定量地评价检测结果，即

$$\text{precision} = \frac{TP}{TP+FP} \tag{3.29}$$

$$\text{recall} = \frac{TP}{TP+FN} \tag{3.30}$$

$$F_1\ \text{score} = \frac{2\times\text{precision}\times\text{recall}}{\text{precision}+\text{recall}} \tag{3.31}$$

其中，TP——正确地判定为双重压缩的 DCT 块的数量；FP ——错误地判定为双重压缩的 DCT 块的数量；FN——错误地判定为单次压缩的 DCT 块的数量。

由于检测性能与两次压缩所采用的质量因子密切相关，因此本节计算了对应每种 QF_1 和 QF_2 组合的所有图像的 precision、recall 和 F_1 score 的均值，如表 3.2~表 3.4所示。

表 3.2 对于每种 QF_1 和 QF_2 的组合的 precision 均值

			QF_2										
			100	95	90	85	80	75	70	65	60	55	50
QF_1	95	本书方法	0.99	0.77	0.86	0.83	0.86	0.87	0.88	0.88	0.87	0.86	0.86
		Bianchi[63]	0.89	0.27	0.33	0.47	0.61	0.68	0.84	0.89	0.88	0.86	0.85
	90	本书方法	1.00	1.00	0.76	0.95	0.93	0.93	0.92	0.90	0.90	0.90	0.88
		Bianchi[63]	1.00	1.00	0.36	0.75	0.51	0.77	0.87	0.91	0.91	0.90	0.88
	85	本书方法	1.00	1.00	1.00	0.84	0.95	0.93	0.93	0.93	0.93	0.90	0.87
		Bianchi[63]	1.00	1.00	0.99	0.51	0.51	0.95	0.91	0.93	0.93	0.88	0.87

续表

		QF_2										
		100	95	90	85	80	75	70	65	60	55	50
80	本书方法	1.00	1.00	1.00	1.00	0.84	0.94	0.95	0.94	0.94	0.92	0.92
	Bianchi[63]	1.00	1.00	1.00	1.00	0.63	0.63	0.97	0.95	0.95	0.92	0.92
75	本书方法	1.00	1.00	1.00	1.00	1.00	0.90	0.94	0.95	0.95	0.92	0.90
	Bianchi[63]	1.00	1.00	1.00	1.00	0.93	0.73	0.88	0.97	0.97	0.93	0.90
70	本书方法	1.00	1.00	1.00	1.00	1.00	0.97	0.89	0.93	0.95	0.95	0.93
	Bianchi[63]	1.00	1.00	1.00	1.00	1.00	0.96	0.82	0.95	0.95	0.95	0.93
65	本书方法	1.00	1.00	1.00	1.00	1.00	0.99	0.96	0.88	0.93	0.93	0.94
	Bianchi[63]	1.00	1.00	1.00	1.00	1.00	0.99	0.95	0.88	0.93	0.93	0.94
60	本书方法	1.00	1.00	1.00	1.00	1.00	1.00	0.99	0.96	0.89	0.91	0.92
	Bianchi[63]	1.00	1.00	1.00	1.00	1.00	1.00	0.99	0.95	0.88	0.91	0.92
55	本书方法	1.00	1.00	1.00	1.00	1.00	1.00	1.00	0.99	0.96	0.87	0.88
	Bianchi[63]	1.00	1.00	1.00	1.00	1.00	1.00	1.00	0.99	0.96	0.86	0.87
50	本书方法	1.00	1.00	1.00	1.00	1.00	1.00	1.00	0.99	0.98	0.95	0.86
	Bianchi[63]	1.00	1.00	1.00	1.00	1.00	1.00	1.00	0.99	0.98	0.95	0.85

表 3.3　对于每种 QF_1 和 QF_2 的组合的 recall 均值

			QF_2										
			100	95	90	85	80	75	70	65	60	55	50
QF_1	95	本书方法	0.42	0.14	0.04	0.04	0.09	0.12	0.15	0.24	0.25	0.33	0.35
		Bianchi[63]	0.04	0.01	0.01	0.02	0.02	0.04	0.06	0.10	0.13	0.23	0.27
	90	本书方法	0.86	0.89	0.03	0.60	0.13	0.15	0.23	0.23	0.33	0.45	0.41
		Bianchi[63]	0.86	0.53	0.01	0.03	0.01	0.05	0.07	0.05	0.13	0.29	0.28
	85	本书方法	0.89	0.91	0.86	0.04	0.56	0.65	0.30	0.51	0.42	0.43	0.44
		Bianchi[63]	0.89	0.91	0.05	0.02	0.01	0.26	0.04	0.16	0.19	0.25	0.36
	80	本书方法	0.90	0.91	0.92	0.77	0.08	0.53	0.66	0.61	0.50	0.52	0.58
		Bianchi[63]	0.90	0.91	0.92	0.06	0.03	0.03	0.35	0.44	0.24	0.50	0.53
	75	本书方法	0.92	0.93	0.92	0.90	0.84	0.12	0.39	0.66	0.66	0.62	0.49
		Bianchi[63]	0.92	0.93	0.92	0.80	0.07	0.05	0.05	0.34	0.45	0.55	0.39
	70	本书方法	0.91	0.93	0.92	0.93	0.85	0.69	0.15	0.48	0.65	0.67	0.63
		Bianchi[63]	0.91	0.93	0.92	0.92	0.80	0.16	0.06	0.12	0.63	0.65	0.61
	65	本书方法	0.91	0.93	0.92	0.91	0.91	0.84	0.73	0.19	0.46	0.61	0.67
		Bianchi[63]	0.91	0.93	0.92	0.91	0.91	0.84	0.26	0.10	0.21	0.59	0.65

续表

		QF_2										
		100	95	90	85	80	75	70	65	60	55	50
60	本书方法	0.91	0.92	0.92	0.92	0.92	0.88	0.83	0.68	0.23	0.50	0.58
	Bianchi[63]	0.91	0.92	0.92	0.92	0.92	0.86	0.81	0.30	0.14	0.42	0.56
55	本书方法	0.92	0.93	0.93	0.92	0.92	0.91	0.87	0.84	0.71	0.33	0.45
	Bianchi[63]	0.92	0.93	0.92	0.92	0.92	0.91	0.72	0.81	0.61	0.23	0.39
50	本书方法	0.93	0.94	0.93	0.94	0.92	0.94	0.92	0.84	0.82	0.70	0.36
	Bianchi[63]	0.93	0.94	0.93	0.94	0.92	0.94	0.92	0.83	0.82	0.62	0.27

表 3.4 对于每种 QF_1 和 QF_2 的组合的 F_1 score 均值

			QF_2										
			100	95	90	85	80	75	70	65	60	55	50
QF_1	95	本书方法	0.55	0.16	0.07	0.07	0.15	0.18	0.23	0.35	0.37	0.47	0.49
		Bianchi[63]	0.06	0.02	0.02	0.03	0.04	0.07	0.10	0.16	0.21	0.36	0.41
	90	本书方法	0.92	0.94	0.05	0.69	0.18	0.23	0.34	0.34	0.47	0.59	0.55
		Bianchi[63]	0.92	0.68	0.02	0.04	0.02	0.09	0.11	0.10	0.22	0.43	0.42
	85	本书方法	0.94	0.95	0.91	0.07	0.65	0.75	0.43	0.64	0.56	0.57	0.58
		Bianchi[63]	0.94	0.95	0.09	0.04	0.02	0.37	0.07	0.26	0.30	0.38	0.51
	80	本书方法	0.95	0.95	0.95	0.85	0.13	0.64	0.76	0.73	0.63	0.66	0.70
		Bianchi[63]	0.94	0.95	0.95	0.10	0.05	0.04	0.46	0.57	0.37	0.65	0.67
	75	本书方法	0.95	0.96	0.95	0.94	0.90	0.20	0.51	0.77	0.77	0.73	0.63
		Bianchi[63]	0.95	0.96	0.95	0.88	0.12	0.08	0.09	0.48	0.60	0.69	0.54
	70	本书方法	0.95	0.96	0.95	0.96	0.91	0.80	0.23	0.61	0.77	0.78	0.75
		Bianchi[63]	0.95	0.96	0.95	0.96	0.88	0.25	0.10	0.20	0.74	0.77	0.73
	65	本书方法	0.95	0.96	0.95	0.95	0.95	0.90	0.82	0.29	0.60	0.73	0.78
		Bianchi[63]	0.95	0.96	0.95	0.95	0.95	0.90	0.38	0.17	0.33	0.71	0.76
	60	本书方法	0.95	0.96	0.95	0.95	0.96	0.93	0.90	0.79	0.35	0.64	0.71
		Bianchi[63]	0.95	0.96	0.95	0.95	0.96	0.92	0.88	0.44	0.22	0.57	0.69
	55	本书方法	0.95	0.96	0.96	0.95	0.95	0.95	0.92	0.90	0.81	0.47	0.59
		Bianchi[63]	0.95	0.96	0.96	0.95	0.95	0.95	0.83	0.88	0.74	0.35	0.53
	50	本书方法	0.96	0.97	0.96	0.96	0.96	0.97	0.95	0.90	0.89	0.80	0.50
		Bianchi[63]	0.96	0.97	0.96	0.96	0.96	0.97	0.95	0.90	0.89	0.73	0.40

从总体上来看，两种方法在 $QF_1 < QF_2$ 时的检测结果均明显好于 $QF_1 \geqslant QF_2$ 的情况。可以看到，表格对角线（$QF_1 = QF_2$）以下的绝大多数组合的 precision、recall 和 F_1 score 值均高于对角线以上的对应组合。

通过表 3.1～ 表 3.4还可以发现，尽管不是完美吻合，但篡改检测的结果与首次量化步长的估值准确度相当一致。当 $QF_1 < QF_2$ 时，本书方法和文献 [63] 中方法的检测结果基本相同。然而对于紧邻对角线的组合，例如 $90 \sim 95$、$90 \sim 85$ 和 $70 \sim 75$ 等，本书方法的 recall 和 F_1 score 显著高于文献 [63] 中方法的检测结果，在某些情况下，本书方法的 recall 和 F_1 score 甚至达到文献 [63] 中方法的 10 倍以上（如 $85 \sim 90$ 和 $80 \sim 75$ 等组合）。这表明当两次压缩的质量因子非常接近时，本书方法具有更好的鲁棒性。

就 precision 指标而言，本书方法和文献 [63] 中方法对于大多数组合的检测性能几乎相同，但本书方法对于对角线周围 $QF_1 \geqslant QF_2$ 的组合能够得到更准确的检测结果（$70 \sim 65$ 除外）。

还应该注意到，对于一些组合，尽管文献 [63] 中方法对于首次量化步长的估值准确率更高（例如 $70 \sim 50$ 的质量因子组合），但其篡改检测结果（precision、recall 和 F_1 score）却不如本书方法。这种现象可能由两方面的原因导致。首先，式（3.22）中的似然比是基于多个频率的 DCT 系数分布得到的，而某些频率上质量因子的变化可能对 DCT 系数分布的影响更强，从而使得这些频率对最终检测结果的影响可能比其他频率更为显著。其次，与真实值差异较小的估值只会向 DCT 系数分布中引入较小的误差，反之与真实值差异较大的估值则会显著影响 DCT 系数的分布，而本节已经在图 3.5中展示过，本书方法对 Q_1 估值的平均绝对误差远小于文献 [63] 中方法。

本书方法同样适用于现实中的篡改检测案例。图 3.6中列出了本书方法对 CASIA

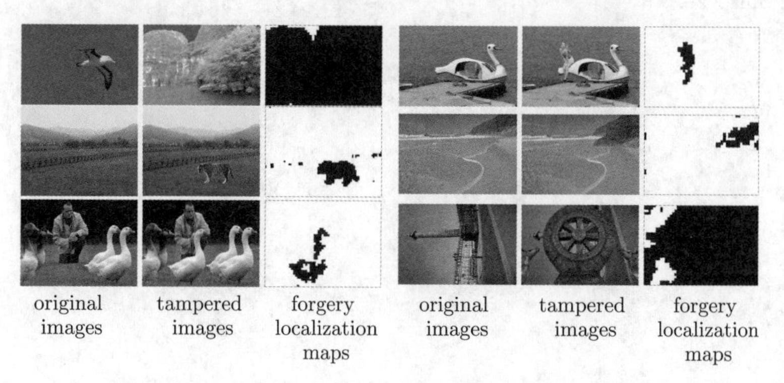

图 3.6　本书方法对现实篡改案例的检测结果

TIDE v2.0 数据集[105]中一些真实图像篡改案例的检测结果。尽管篡改区域定位的结果并不十分精确，但本书方法已经足以提供有力的证据证明这些图像经过篡改。

3.5.4 算法时间开销

本书方法和文献 [63] 中方法的平均时间开销如表 3.5所示，本书方法的时间开销略高于文献 [63] 中方法。实验运行的硬件平台为 DELL XPS 14Z 笔记本电脑，处理器为 Intel Core i5-2430M ，内存容量 16GB 。软件平台为 MATLAB 2014a 。

表 3.5 本书方法和文献 [63] 中方法的平均时间开销

方法	平均时间开销/s
本书方法	0.55
Bianchi[63]	0.43

3.6 本章小结

基于 DCT 系数分析的 JPEG 压缩历史不一致检测往往把 DCT 系数的分布建模为一个混合模型，并通过估计模型的参数确定混合模型中篡改成分和非篡改成分对应的 DCT 系数分布，进而实现篡改检测和定位。现有的方法往往以全盲的方式估计混合模型参数，因此参数估值往往不够准确。针对该问题，本章结合混合模型的平滑特性以及待估参数应遵循的约束，提出了粗粒度搜索结合梯度上升的参数估计方法。实验结果表明，本书的方法能够实现更为准确的参数估计，从而具有更强的篡改检测和定位能力。

第 4 章 不同画质条件下的视频帧拷贝检测

4.1 引言

对于给定的待检测视频 $\mathcal{T}^{U_1}(O_1), \mathcal{T}^{U_2}(O_2), \cdots, \mathcal{T}^{U_n}(O_n)$，其中的 $\mathcal{T}^{U_i}(\cdot)$ 大多包含了有损压缩过程，同时篡改者还有可能为了避免被检测而引入额外的攻击，如加入噪声或进行多重压缩等。所以在进行帧拷贝检测时，应考虑视频帧的匹配方法对视频降质的鲁棒性问题。在现有的视频帧拷贝检测方法中，帧序列之间是基于固定的距离阈值进行匹配的。由于距离阈值都是在特定环境下训练得到的，这种“一刀切”的方式在降质视频中很难保证稳定的检测性能。针对该问题，本书提出一种新的视频帧序列匹配方法。在基于位置敏感哈希对内容相似的帧序列进行初步筛选后，以图像配准的方式检验视频帧内容的异同，这部分内容将在 4.2 节详细讨论。

另外，应该考虑到视频中的 n 值通常极大，这就导致了时间开销的问题。帧拷贝检测中经常采用由粗到细的方法框架。为了减小时间开销，在粗匹配的阶段，现有的方法通常采用能够快速计算的特征。这些特征的区分性往往相对较弱，这将导致两方面的问题：首先，细粒度匹配阶段将不得不处理更多的误匹配，这将带来更多的时间开销；其次，大量实际存在变化的帧序列因被误判为静止场景而被漏检。实际上，当在高码率视频中检测帧拷贝行为时，低强度的压缩通常不会导致画面局部结构的剧烈变化，因此可以不必过于担心画面降质造成的特征波动。此时可通过设计具有更强区分性，又能快速计算的特征，在保证检测能力的同时实现更快速的帧拷贝检测。受三维骨架在图形学中各种应用的启发，本书将视频帧映射为三维空间的骨架，以骨架作为视频帧的内容摘要。骨架数据本身具有拓扑和几何两层属性，从而天然适合作为一种层次化的特征，4.3 节将给出方法的具体细节。

4.2 面向降质视频帧的鲁棒拷贝检测方法

4.2.1 视频降质对帧拷贝检测的影响

在降质视频中，视频帧的局部结构可能被各种导致降质的因素轻微地改变，这些微弱变化的积累将导致视频帧的整体特征产生实质性变化，这就可能造成实际上内容相同的帧对应的特征有很大差异。因此，对于降质视频，以固定的距离阈值作为视频帧匹配的标准很难保证稳定的检测性能。

需要强调的是，在实际的取证场景中，降质视频并不少见。例如，有经验的篡改者可能会分别向拷贝的源和目的帧中加入微弱的扰动（如加性噪声），这样一来，用常规样本训练得到的特征距离阈值无疑会漏检一些实际相同的匹配帧对。事实上，仅仅是有损压缩也会造成源和目的帧之间产生不可忽视的差异，如图 4.1所示。

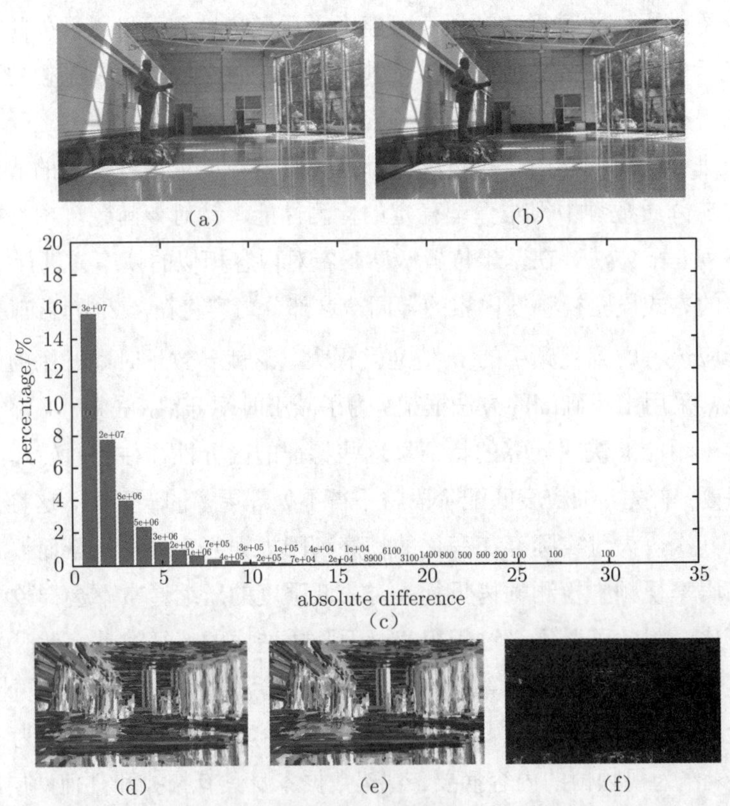

图 4.1 有损压缩导致视频中某帧与其拷贝之间产生的显著差异

图 4.1（a）和图 4.1（b）是经过帧拷贝篡改的视频中的一对源帧和目的帧。尽管这两帧在视觉上完全一致，但实际上有损压缩已导致两帧之间出现不可忽视的差异。图 4.1（c）的直方图给出了两帧对应像素点灰度之差的绝对值，可以看到，对应像素点灰度之间的最大差异可达到 30 ，而差异大于或等于 10 的像素点超过了 700000 个（视频分辨率为 1920×1080）。为了进一步展示有损压缩对每一帧局部结构的影响，本书在 6 段压缩视频中随机选择了 72 帧，在这些帧上提取了 7500 个密集 SIFT（Dense SIFT）特征，并基于这些特征通过 K-means 聚类构造了由 500 个视觉词汇组成的视觉词典。为了保证视觉词典中相邻的视觉词汇在特征空间中的距离也相对较近，本书对视觉词典中的视觉词汇进行了字典序的排序。接下来，在图 4.1（a）和图 4.1（b）中的两帧上的每个像素点处提取密集 SIFT 特征，并将其映射为上述视觉词典中视觉词汇在词典中的索引值。图 4.1（a）和图 4.1（b）中两帧对应的映射图分别如图 4.1（d）和图 4.1（e）所示，两幅映射图的差异如图 4.1（f）所示。图 4.1（f）中出现了大量的亮斑，这表明有损压缩导致视觉上完全一致的两帧的局部结构和相应的局部特征之间产生了实质性的差异。考虑到被篡改的视频通常至少经历两次有损压缩（第一次为拍摄时设备内置的压缩流程，第二次为对视频编辑后的重新压缩编码），可以说，一定程度的视频降质几乎是难以避免的。

4.2.2 基于位置敏感哈希及帧配准的帧拷贝检测方法概述

为了在降质视频中提高帧拷贝检测的鲁棒性，本书提出了一种新的视频帧匹配方法。该方法不再依靠固定的距离阈值决定两帧是否相同。该方法的核心思路是，对于任意的两帧 f_a 和 f_b，若它们包含相同的感知对象，同时两帧中对应的感知对象的形状和位置又恰好相同（在基于内容的帧拷贝检测中，不考虑静止场景的拷贝），则 f_a 和 f_b 可认为是一对雷同帧。本书诉诸图像配准技术来检验两帧之间上述三个方面（感知对象、感知对象的形状和位置）是否一致。更具体地说，本书通过像素点级的全局最优匹配求解上述问题。当将某一帧向其拷贝配准时，两帧之间产生的位移场应为 0，即源帧的每个像素点应配准到目的帧上相同位置的像素点。本书方法对一定程度的视频降质鲁棒，但考虑到像素点级的全局最优配准过程速度较慢，在配准步骤之前，引入了基于位置敏感哈希的粗匹配，以提升速度。

本书方法以由粗到细的方式检测帧拷贝，主要包括两个核心步骤：粗匹配和雷同校验，如图 4.2所示。该图左侧框图为粗匹配阶段，其作用是通过初步筛选，显著降低雷同校验阶段的计算量。对输入视频 V，按照文献 [41] 中的方式，首先将 V 划分为 $T-L+1$ 个重叠的子序列，其中 T 为 V 的帧数，L 为子序列长度。对每个子序列 t（$1 \leqslant t \leqslant T-L+1$），利用位置敏感哈希在 t 的后续子序列中找出视觉上与 t 相似的子序列。通过这种方式，把 t 和其候选拷贝子序列划分到同一聚类中。图 4.2的右半部分为雷同校验阶段：对 t 和其每个候选拷贝子序列中的对应帧进行图像配准。在图像配准之后，每一对子序列会对应一组与子序列长度相同的位移场，若位移场全为 0，则表明这一对子序列互为拷贝。

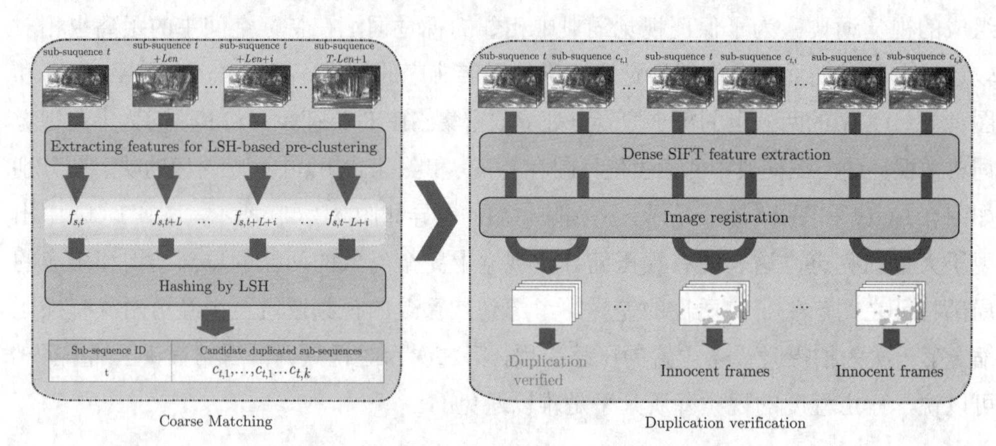

图 4.2　搜索与子序列 t 雷同的子序列的过程

4.2.3　基于位置敏感哈希的帧序列粗匹配

图 4.2的左半部分给出了粗匹配流程。对于子序列 t，希望通过粗匹配从 $t+L$ 到 $T-L+1$ 找出视觉上与 t 相似的子序列 $c_{t,1}, c_{t,2}, \cdots, c_{t,k}$（$k \leqslant T-t-2(L-1)$），作为 t 的候选拷贝子序列。这样在雷同校验阶段，可以只在子序列 t 和其候选子序列 $c_{t,i}$（$1 \leqslant i \leqslant k$）之间进行比较。因此，需要一种对帧内容变化敏感而对画面降质鲁棒的特征。尽管已有一些感知哈希具有这种特性（例如基于小波 [116] 或奇异值分解 [117] 的感知哈希），但通过实验发现，分块 GIST [118] 特征在鲁棒性、区分性和时间开销等方面具有更好的均衡性。本书在视频中的每一帧上提取分块 GIST 特征，对子序列 t 和 $t+L+i$（$0 \leqslant i \leqslant T-L+1-t$），分别把序列中每一帧对应的特征串联构成一维特征 $f_{s,t}$，$f_{s,t+L+i}$。

本书利用位置敏感哈希度量特征 $f_{s,t+L+i}$ 与 $f_{s,t}$ 是否足够相似。给定错误概率

$P_e > 0$ 和距离阈值 R，当 $\|f_{s,t} - f_{s,t+L+i}\| \leqslant R$ 时，位置敏感哈希保证有

$$P_c \geqslant 1 - P_e \tag{4.1}$$

其中，P_c 为 $f_{s,t+L+i}$ 和 $f_{s,t}$ 对应哈希值的碰撞概率。本书使用基于 p-stable 分布的位置敏感哈希 [119]，即

$$h = \left\lfloor \frac{\boldsymbol{a} \cdot \boldsymbol{f} + b}{\omega} \right\rfloor \tag{4.2}$$

其中，$\boldsymbol{f}$——要进行哈希的特征向量；$\boldsymbol{a}$——实值向量。由于本书以 l_2 范式度量特征之间的距离，所以 $\boldsymbol{a}$ 中的每个元素是独立地从标准正态分布数据中（已证明是 2-stable 分布 [119]）抽样得到；b ——从 $[0, \omega]$ 区间内均匀分布数据中随机抽样得到的实值标量。

为了让粗匹配的结果更加可靠，本书构造了 H 个哈希表，只有当 $f_{s,t+L+i}$ 和 $f_{s,t}$ 对应的哈希值碰撞超过 $H/2$ 次时，才认为子序列 $t + L + i$ 是 t 的候选拷贝子序列。

由于基于内容的帧拷贝检测方法并不考虑静止场景的拷贝，当某个子序列 t_s 对应的候选拷贝子序列集合中的元素为 ξ 个（本书的实验中设置 $\xi = 10$，即约为 0.5 s 的视频片段）或更多连续的子序列时，认为 t_s 为静止场景，将其候选拷贝子序列集合置为空集。

需要注意的是，粗匹配阶段也涉及一个距离阈值 R，但这里的距离阈值与传统方法的区别在于，R 并非作为最终的判定阈值，而只是起到初步筛选数据的作用。因此在确定 R 的取值时，不需要过多地考虑区分性和鲁棒性之间的均衡问题，只需要保证子序列 t 的拷贝是 $C = \{c_{t,1}, c_{t,2}, \cdots, c_{t,k}\}$ 的子集。事实上，在实际应用时，R 的取值并不需要显式指定。该问题将在 4.2.5 节详细讨论。

在粗匹配完成后，每一个子序列 t 将对应一个候选拷贝子序列集合 $C = \{c_{t,1}, c_{t,2}, \cdots, c_{t,k}\}$。后续步骤将在子序列 t 和其每个候选拷贝子序列之间进行雷同校验，筛除误匹配，找出雷同帧。

4.2.4　基于图像配准的雷同校验

对于子序列 t 和它对应的每个候选拷贝子序列 $c_{t,i}$，通过图像配准检验两段子序列中的对应帧是否分别包含相同的对象，且对象的形状和位置是否恰好相同。若三者皆一致，则子序列中所有对应帧之间的配准结果应为全 0 位移场。然而，在降质视频中很难稳定地得到准确的配准结果。正如图 4.1中所示，仅仅是有损压缩的过程

就会在拷贝的源和目的帧之间造成尽管视觉上不可见却不可忽视的差异。为了解决该问题，本书首先找到每一帧的稳定区域，并在配准过程中更多地依赖这些稳定区域。本书采用文献 [110] 中方法给出的哈里斯角点强度响应值度量每个像素点周围局部结构的稳定性，即

$$M = \frac{AB - C^2}{A + B} \tag{4.3}$$

其中，$A = g * \frac{\partial F}{\partial x}$，$B = g * \frac{\partial F}{\partial y}$，$C = g * \left(\frac{\partial F}{\partial x}\frac{\partial F}{\partial y}\right)$。$F$ 为视频帧，g 为二维高斯核，$*$ 表示卷积操作。

对于视频帧 F，若 $M(x, y)$ 取值较高，则表明 $F(x, y)$ 对应的自相关矩阵的两个特征值都比较大，这意味着在该点处信号在两个正交方向上都有着较强烈的变化，那么该点对应的局部结构对于除尺度变化之外的各种降质都有很好的稳定性 [120-121]。因此，在配准过程中用 M 对每一帧中的不同区域进行加权，得到配准能量函数为

$$E(\boldsymbol{v}) = \sum_{x,y} \boldsymbol{W}_D(x, y) \cdot D(\boldsymbol{v}(x, y)) + \tag{4.4}$$

$$\sum_{<(m,n),(x,y)>\in\mathcal{N}} \boldsymbol{W}_S(x, y) \cdot S(\boldsymbol{v}(x, y), \boldsymbol{v}(m, n)) \tag{4.5}$$

其中，D ——数据项，用于度量匹配像素点之间局部结构的差异；S——平滑项，用于保证邻近的像素点具有相似的位移；$\boldsymbol{v}(x, y)$——点 (x, y) 的位移；$<(m, n), (x, y)>$——像素点之间四邻域系统 $\mathcal{N}$ 中的一条边。

$\boldsymbol{W}_D$ 和 $\boldsymbol{W}_S$ 为如式（4.6）和式（4.7）所示的权重矩阵：

$$\boldsymbol{W}_D(x, y) = \begin{cases} 1 + M'(x, y) & M'(x, y) > \epsilon \\ 0 & \text{otherwise} \end{cases} \tag{4.6}$$

$$\boldsymbol{W}_S(x, y) = \max(W_D(x, y), \kappa) \tag{4.7}$$

其中，$M'(x, y) = \max\limits_{-r\leqslant a,b\leqslant r} \{\tilde{M}(x + a, y + b)\}$，$\tilde{M}$ 表示归一化的 M。这里利用极大值滤波把稳定点的影响扩大到其周围的一个小邻域中。

式（4.6）中的 ϵ 为一近似于 0 的实值（本书的实验中将其设置为 10^{-5}），用于在计算数据项式（4.4）时屏蔽过于平滑的区域。这里需要说明的是，尽管哈里斯角点响应矩阵对平滑区域本身就有较小的加权，但由于平滑区域极易被有损压缩等波动改变局部结构，过于平滑的区域仍会对配准过程产生干扰。在图 4.1（f）中，这种

现象就表现得极为明显：大块的亮斑（代表视觉词汇差异较大）几乎都位于画面中非常平滑的墙和地板区域，从而导致这种过于平滑的区域中出现与实际情况不符的较大数据代价。基于上述观察，本书设置了阈值 ϵ 以过滤过于平滑的区域内的数据项影响。由于数据项不再影响过于平滑区域内的像素点配准，这类区域的位移场仅由平滑项控制，因此向平滑项的权重矩阵式（4.7）中增加了截断项 κ，用于保证平滑约束始终保持在一定程度以上。

数据项式（4.4）和平滑项式（4.5）的定义分别如式（4.8）和式（4.9）所示。

$$D(\boldsymbol{v}(x,y)) = \|f_{\text{src}}(x,y) - f_{\text{tar}}(x+\boldsymbol{v}_x(x,y), y+\boldsymbol{v}_y(x,y))\|_1 \tag{4.8}$$

$$\begin{aligned} S(\boldsymbol{v}(x,y),\boldsymbol{v}(m,n)) = &\min(\alpha\left|\boldsymbol{v}_x(x,y)-\boldsymbol{v}_x(m,n)\right|,d)+ \\ &\min(\alpha\left|\boldsymbol{v}_y(x,y)-\boldsymbol{v}_y(m,n)\right|,d) \end{aligned} \tag{4.9}$$

式（4.8）中，$f_{\text{src}}(x,y)$ 为配准过程中源帧内像素点 (x,y) 的局部特征（在每个像素点上提取单尺度的 SIFT 描述子作为局部特征）；$f_{\text{tar}}(x+\boldsymbol{v}_x(x,y),\ y+\boldsymbol{v}_y(x,y))$ 为目标帧内像素点 $(x+\boldsymbol{v}_x(x,y),y+\boldsymbol{v}_y(x,y))$ 的局部特征；$\boldsymbol{v}_x(x,y)$ 和 $\boldsymbol{v}_y(x,y)$ 分别为水平和垂直方向位移。为了避免位移场中间断点的干扰，在平滑项中采用了截断的 l_1 范式，并利用 α 均衡数据代价和平滑代价。

本书采用双层环路置信传播 [122] 最小化能量函数 $E(v)$。通过将式（4.5）中的平滑代价解耦为式（4.9）中的水平和垂直两部分，环路置信传播中每轮消息更新的复杂度从 $\mathrm{O}(nK^4)$ 降为 $\mathrm{O}(nK^2)$，其中，n 为每帧中的像素点数，K 为每个方向上允许的最大位移。利用文献 [123] 中方法的距离变换和多网格消息传递方法，本书将每轮消息更新的复杂度进一步降低为 $\mathrm{O}(nK)$，并显著降低了总的消息更新迭代次数。

图像配准本质上是两幅图像之间逐像素点的对应关系估计过程。实际上，图像配准通常也可以通过光流（文献 [124]）或 SIFTFlow（文献 [122]）等方法实现。然而，上述两种方法均无法在降质视频中得到令人满意的结果。本书的能量函数与光流和 SIFTFlow 之间的主要差异在于：本书将不同区域局部结构的稳定性编码到配准能量函数中，这使得本书方法对于降质视频足够鲁棒。此外，在本书的能量函数中没有 SIFTFlow 的“小位移”约束，从而使得本书的方法对于两帧之间的细微内容变化更加敏感。图 4.3给出 3 种方法在降质视频中的性能差异。其中，第一行：（a）和（b）为一对源和目的帧。第二行：（a）和（b）是连续的两帧。两段视频均由静止摄像机拍摄。两行中的（c）（d）（e）分别是由光流 [124] 方法（本书采用了文献 [125]

中方法实现的版本)、SIFTFlow [122] 和本书方法对 (a) 和 (b) 中图像进行配准生成的位移场。尽管光流法对行走的人物运动捕捉得非常清晰，但光流对有损压缩造成的扰动过于敏感，在两组实例中得到的位移场中存在大量的非 0 位移，尤其在第一行中墙的区域内，错误位移非常明显。SIFTFlow 在第一组实例中的配准效果略好于光流，但在光滑的墙面区域内仍有大面积的非 0 值。另外，SIFTFlow 对帧之间内容的细微变化不够敏感，未能捕捉到在第二组实例中人物的运动。相比之下，本书的方法在两种情况下均能正确地计算位移场。本书采用了文献 [126] 中方法的色彩编码方案对位移场进行可视化如图 4.4所示，其中图 4.4 (a) 和图 4.4 (b) 表示了不同位移向量与不同色调和饱和度的颜色之间的对应关系。

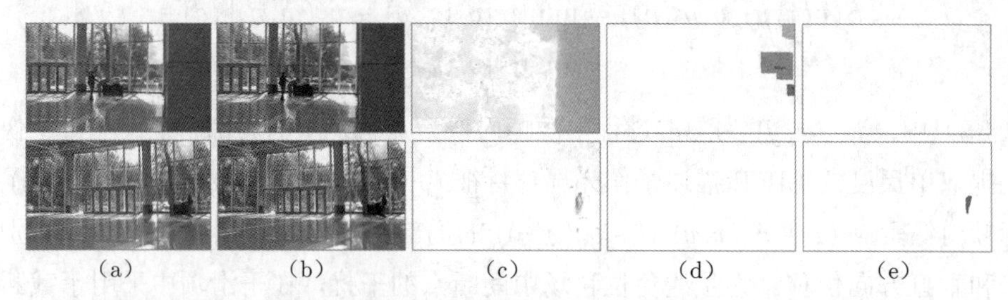

图 4.3　3 种配准方法在降质视频中的性能差异

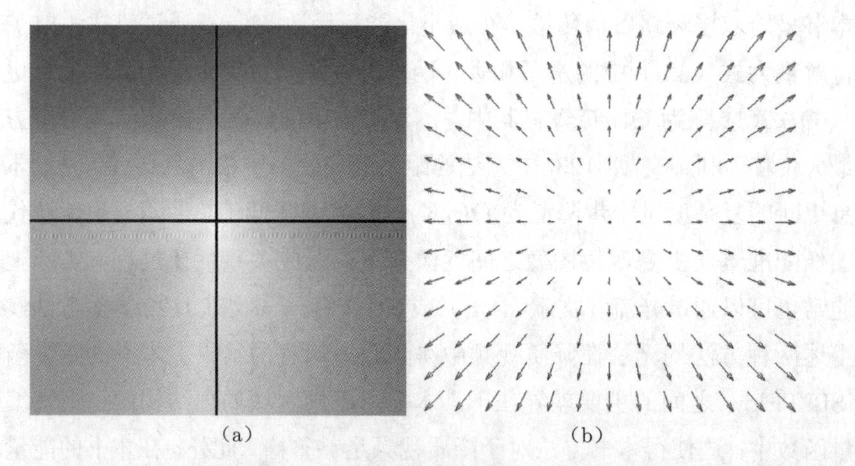

图 4.4　位移场的颜色编码方案

与传统的帧拷贝检测方法 [41-47] 相比，本书的方法通过图像配准，而不是传统的“特征提取-阈值化”的模式检测拷贝。在数据相似性和邻近像素点位移平滑的约束下，两帧中像素点之间通过基于概率的推理过程 (即双层环路置信传播) 建立“最优的”（实际上是近似最优）对应关系。此外，具有较高哈里斯角点响应值的像素点通常位于目标的边界处，因此，当把哈里斯角点响应值集成到配准能量函数中时，在某种程度上，可以认为配准是一种对象级的匹配过程。因此，尽管配准能量函数比传统方法涉及更多参数（κ，α 和 d），但在实验部分将展示，在同样不改变参数配置的情况下，本书的方法比传统的“特征提取-阈值化”模式更加鲁棒。

4.2.5 实验结果及分析

1. 数据集

根据笔者的了解，在帧拷贝检测领域，目前还没有公开的测试数据集。为了测试上述方法的性能，本节将创建一个涵盖若干降质情况的数据集。首先用 Panasonic HDC-Z10000GK 摄影机拍摄了 5 段室内场景和 8 段室外场景（方便起见，后文分别记为 v01~v13，其中 v01~v05 为室内场景）。上述视频片段在不同场景下拍摄，内容包括人物、风景、建筑和植物等。一些视频片段的截图如图 4.5所示。这些视频首先由设备内置的编码器以 H.264 标准进行编码，然后用 Adobe Premiere Pro CS 5.5 将其转换为 mp4 格式。视频的分辨率均为 1920×1080，帧率为 25 帧/s。基于上述原始视频，本节创建了 3 个子数据集，分别为 MCOMP 子集、MCOMP+AGN 子集和 MCOMP+INT 子集。各个子集的详细说明如表 4.1所示。每段原始视频对应 9 段不同的伪造版本，整个数据集共包括 117 段伪造视频。

图 4.5　一些视频片段的截图

表 4.1 视频帧拷贝数据集说明

子集名称	说　明
MCOMP	MCOMP 表示多重压缩。对于每一段原始视频，用 MATLAB R2014a 随机拷贝 k（$5 \leqslant k \leqslant 35$）个连续帧，将其粘贴到时间轴上的其他位置，并将伪造视频分别以质量因子 100、80 和 60，再次用 H.264 格式编码。最终每段伪造视频实际上被压缩 3 次（分别为摄影机内置压缩、Adobe Premiere 压缩和 MATLAB 压缩）。把 3 组不同压缩质量的测试样本分别记为 MCOMP100 组、MCOMP80 组和 MCOMP60 组
MCOMP + AGN	对于每一段原始视频，用 MATLAB R2014a 随机拷贝 k（$5 \leqslant k \leqslant 35$）个连续帧，将其粘贴到时间轴上的其他位置，然后向所有目的帧中加入标准差分别为 1、5、10 的加性高斯噪声，即每段原始视频对应 3 段受不同程度加性噪声干扰的伪造视频。最后以质量因子 100 将伪造视频再次以 H.264 标准编码。为方便起见，将 3 组伪造样本分别记为 AGN1、AGN5 和 AGN10 组
MCOMP + INT	对于每一段原始视频，用 MATLAB R2014a 随机拷贝 k（$5 \leqslant k \leqslant 35$）个连续帧，将其粘贴到时间轴上的其他位置，然后将目的帧中像素点的亮度调整为原始亮度的 99%、97% 和 95%。最后以质量因子 100 将伪造视频再次以 H.264 标准编码。这 3 组样本分别记为 INT99、INT97 和 INT95 组

在 MCOMP + AGN 和 MCOMP + INT 子集中，加性噪声和亮度变化被控制在肉眼几乎无法感受到的程度。篡改视频的长度均在 8~30 s 之间。

2. 基于位置敏感哈希的粗匹配效率评估

理论上，为了使用基于 p-stable 分布的位置敏感哈希，需要指定距离阈值 R 和错误概率 P_e 确定式（4.2）中的参数 ω。然而由于本书只把位置敏感哈希作为一个不需要非常准确的粗匹配工具，对于子序列 t，只需要保证 $d \in C$（d 为 t 的拷贝）即可。因此，可以用训练的方式直接得到 ω，而不必通过预先指定 R 和 P_e 进行求解。

为了保证 $d \in C$，定义 ϕ 为如式（4.10）所示的粗匹配检测结果的完备性，在训练集中，需要选择 ω 以保证

$$\phi = \frac{n_c}{n_g} = 1 \tag{4.10}$$

其中，n_c——粗匹配收集到的正确的匹配子序列对数量；n_g——拷贝子序列的实际数量。

在满足式（4.10）的前提下，用子序列之间的平均碰撞次数 n_{ave} 评价粗匹配的效

率，即

$$n_{\text{ave}}=\frac{n_t}{T-L+1} \tag{4.11}$$

其中，n_t 为子序列的碰撞总数。显然，n_{ave} 随着 ω 变大而单调递增。在保证式（4.10）的前提下，选择较小的 n_{ave}。

本节在降质最严重的伪造视频子集 AGN10 和 INT97 组中随机选择了 4 段样本训练 ω 。在提取分块 GIST 特征过程中，将子块大小设置为 25×25，子序列长度设置为 $L=5$。为了减少时间开销，将每段视频的分辨率设置为原始分辨率的 25%。本书构造了 80 个哈希表，因此只有两个子序列对应的特征碰撞超过 40 次时，才认为这两个子序列是相同的。在上述参数设置下，ϕ 和 n_{ave} 随 ω 变化的情况如图 4.6 所示。本书设置 $w=0.45$，在该点处 ϕ 值达到了 1，而 $n_{\text{ave}}\approx0.094$。

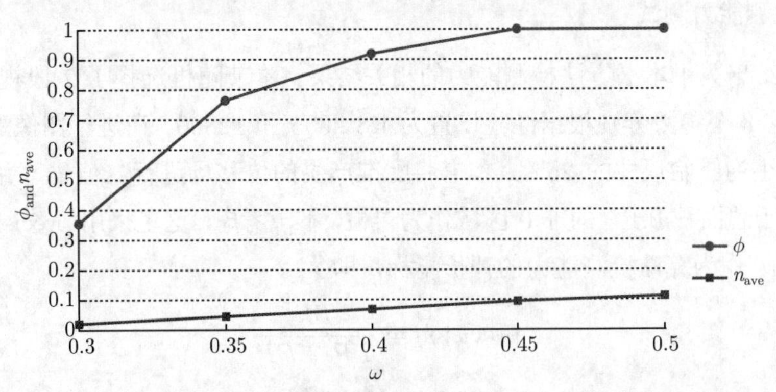

图 4.6　随着 ω 增加，ϕ 和 n_{ave} 单调递增。当 $\omega=0.45$ 时，ϕ 达到 1

显然，ϕ 和 n_{ave} 这两项指标与视频内容密切相关。每段原始视频对应的 9 个篡改版本在粗匹配阶段的 ϕ 和 n_{ave} 均值如表 4.2所示。可以看到，大多数场景中，ϕ 的均值达到了 0.98 以上。v03 和 v13 两个场景中得到的较小值（0.94）均由亮度降质导致。对于 INT95 组中的样本 v03 ，其 ϕ 值仅仅达到了 0.61。这是因为拷贝帧中像素点的亮度较高，因此同样的亮度调整比例，在这些帧中造成了更强的影响。从平均值来看，在粗匹配阶段，大约有 2% 的拷贝子序列被漏检。

另一方面，对应不同场景的 $\text{mean}_{n_{\text{ave}}}$ 的均值约为 0.10，这意味着在雷同校验阶段，对于每个子序列，平均只需要进行 0.1 次子序列之间的比较。相比之下，如果不利用粗匹配进行初步筛选，则平均对每个子序列需要进行约 $T/2$ 次的子序列比较，其中 T 为视频帧数。在本书的数据集中，T 通常大于 200，而在实际应用中则会远远大于此值。从这个角度看来，对于本书的数据集，雷同校验阶段的计算负载被降低了约 3 个数量级。下面将通过具体时间开销证明，尽管粗匹配阶段本身具有 $O(T\cdot(T+1)/2)$ 的时间复杂度，但仍是算法中不可或缺的部分。

表 4.2　每段原始视频的篡改版本在粗匹配阶段的 ϕ 和 n_{ave} 均值

	v01	v02	v03	v04	v05	v06	v07
mean_{ϕ}	0.99	0.98	0.94	1.00	0.99	1.00	0.96
$\text{mean}_{n_{\text{ave}}}$	0.38	0.04	0.08	0.10	0.34	0.10	0.03
	v08	**v09**	**v10**	**v11**	**v12**	**v13**	**平均值**
mean_{ϕ}	0.99	0.98	1.00	1.00	1.00	0.94	0.98
$\text{mean}_{n_{\text{ave}}}$	0.06	0.03	0.05	0.02	0.02	0.07	0.10

3. 检测能力测试

本节给出关于本书方法检测能力的相关结果。本节随机选择了 7 段视频确定 κ、α 和 d，这 3 个参数分别根据经验设置为 1.8、635 和 12800。在进行图像配准前，视频帧被缩小为原始尺寸的 25%。本书将配准产生的位移场进行二值化，并将二值位移场中小于总面积 0.1% 的非 0 区域作为误检，不予考虑。这里采用 precision、recall 和 F_1 score 作为算法检测能力的评价指标，即

$$\text{precision}=\frac{TP}{TP+FP} \tag{4.12}$$

$$\text{recall}=\frac{TP}{TP+FN} \tag{4.13}$$

$$F_1\ \text{score}=\frac{2\times\text{precision}\times\text{recall}}{\text{precision}+\text{recall}} \tag{4.14}$$

其中，TP——成功检测到的拷贝帧对数量；FP——错误地判断为拷贝帧对的数量；FN——未能检出的拷贝帧对数量。

本节将本书的方法与文献 [41] 和文献 [44] 中的方法进行了对比（在下文分别记为 Farid 方法和 Li 方法），其相关参数与原始文献中的设置相同。在 MCOMP 子集中，3 种方法的比较结果如表 4.3~ 表 4.5所示。各表中第一行的 v01 表示原始视频 v01 在当前测试样本组中对应的篡改版本，表格的最后一列为 v01~v13 的平均值。对于 MCOMP100 组中的 v07~ v12，3 种方法都得到了完全正确的结果。对于 v05 和 v13，本书方法的 precision 非常低，这是因为 v05 和 v13 中一些近乎静止的短片段的长度没有达到粗匹配阶段筛除静止镜头的标准（连续的 10 个子序列），而在本

书方法的雷同校验阶段又未能区分这些过于相似的帧。相比之下，Li 方法的区分性极好。在前四组测试用例中，本书的方法优于其他方法。需要注意的是，Farid 方法在 v02～ v05 及 v13 这些样本中漏检了全部拷贝帧是由于不同的原因。在 Farid 方法中，当子序列中的帧之间的时域相关性高于某阈值时，该子序列将作为静止场景被抛弃，因此对于 v05 和 v13 来说，帧之间相似度极高的子序列实际上被判定为静止场景，因此根本没有和其他子序列比较过。而 v02～ v04 中的拷贝子序列则是因为过低的阈值而被漏检。

表 4.3　MCOMP100 组的比较结果

		v01	v02	v03	v04	v05	v06	v07
precision	本书方法	1.00	1.00	1.00	1.00	0.22	1.00	1.00
	Farid	1.00	0.00	0.00	0.00	0.00	0.74	1.00
	Li	0.00	0.00	1.00	1.00	1.00	1.00	1.00
		v08	v09	v10	v11	v12	v13	平均值
	本书方法	1.00	1.00	1.00	1.00	1.00	0.21	0.88
	Farid	1.00	1.00	1.00	1.00	1.00	0.00	0.60
	Li	1.00	1.00	1.00	1.00	1.00	1.00	0.85
recall		v01	v02	v03	v04	v05	v06	v07
	本书方法	0.97	1.00	1.00	1.00	1.00	1.00	1.00
	Farid	0.17	0.00	0.00	0.00	0.00	1.00	1.00
	Li	0.00	0.00	0.30	0.70	1.00	1.00	1.00
		v08	v09	v10	v11	v12	v13	平均值
	本书方法	1.00	1.00	1.00	1.00	1.00	0.88	0.99
	Farid	1.00	1.00	1.00	1.00	1.00	0.00	0.55
	Li	1.00	1.00	1.00	1.00	1.00	1.00	0.77
F_1 score		v01	v02	v03	v04	v05	v06	v07
	本书方法	0.98	1.00	1.00	1.00	0.36	1.00	1.00
	Farid	0.29	0.00	0.00	0.00	0.00	0.85	1.00
	Li	0.00	0.00	0.46	0.82	1.00	1.00	1.00
		v08	v09	v10	v11	v12	v13	平均值
	本书方法	1.00	1.00	1.00	1.00	1.00	0.34	0.90
	Farid	1.00	1.00	1.00	1.00	1.00	0.00	0.55
	Li	1.00	1.00	1.00	1.00	1.00	1.00	0.79

表 4.4 MCOMP80 组的比较结果

		v01	v02	v03	v04	v05	v06	v07
precision	本书方法	1.00	1.00	1.00	1.00	0.12	1.00	1.00
	Farid	1.00	0.00	0.00	0.00	0.00	0.82	1.00
	Li	0.00	0.00	1.00	1.00	0.44	1.00	1.00
		v08	v09	v10	v11	v12	v13	平均值
	本书方法	0.50	1.00	1.00	1.00	1.00	0.09	0.82
	Farid	0.00	1.00	0.54	0.00	0.00	0.00	0.34
	Li	1.00	1.00	1.00	1.00	1.00	0.50	0.76
recall		v01	v02	v03	v04	v05	v06	v07
	本书方法	0.97	1.00	1.00	1.00	1.00	1.00	0.83
	Farid	0.38	0.00	0.00	0.00	0.00	1.00	1.00
	Li	0.00	0.00	1.00	0.87	1.00	1.00	1.00
		v08	v09	v10	v11	v12	v13	平均值
	本书方法	1.00	1.00	1.00	1.00	1.00	1.00	0.98
	Farid	0.00	1.00	0.91	0.00	0.00	0.00	0.33
	Li	1.00	1.00	1.00	1.00	1.00	0.94	0.83
F_1 score		v01	v02	v03	v04	v05	v06	v07
	本书方法	0.98	1.00	1.00	1.00	0.22	1.00	0.91
	Farid	0.55	0.00	0.00	0.00	0.00	0.90	1.00
	Li	0.00	0.00	1.00	0.93	0.61	1.00	1.00
		v08	v09	v10	v11	v12	v13	平均值
	本书方法	0.67	1.00	1.00	1.00	1.00	0.17	0.84
	Farid	0.00	1.00	0.68	0.00	0.00	0.00	0.32
	Li	1.00	1.00	1.00	1.00	1.00	0.65	0.78

表 4.5 MCOMP60 组的比较结果

		v01	v02	v03	v04	v05	v06	v07
precision	本书方法	1.00	1.00	1.00	1.00	0.16	1.00	1.00
	Farid	0.00	0.00	0.00	0.00	0.00	1.00	1.00
	Li	0.00	0.00	1.00	0.00	1.00	1.00	1.00
		v08	v09	v10	v11	v12	v13	平均值
	本书方法	1.00	1.00	1.00	0.50	1.00	0.37	0.85
	Farid	1.00	1.00	0.00	1.00	0.00	0.00	0.38
	Li	0.00	1.00	0.00	0.00	1.00	1.00	0.54

续表

		v01	v02	v03	v04	v05	v06	v07
recall	本书方法	0.87	1.00	1.00	1.00	1.00	1.00	1.00
	Farid	0.00	0.00	0.00	0.00	0.00	1.00	1.00
	Li	0.00	0.00	0.48	0.00	1.00	1.00	1.00
		v08	v09	v10	v11	v12	v13	平均值
	本书方法	0.75	0.83	1.00	0.50	1.00	0.96	0.92
	Farid	1.00	1.00	0.00	1.00	0.00	0.00	0.38
	Li	0.00	1.00	0.00	0.00	1.00	0.96	0.50
F_1 score		v01	v02	v03	v04	v05	v06	v07
	本书方法	0.93	1.00	1.00	1.00	0.28	1.00	1.00
	Farid	0.00	0.00	0.00	0.00	0.00	1.00	1.00
	Li	0.00	0.00	0.65	0.00	1.00	1.00	1.00
		v08	v09	v10	v11	v12	v13	平均值
	本书方法	0.86	0.91	1.00	0.50	1.00	0.53	0.85
	Farid	1.00	1.00	0.00	1.00	0.00	0.00	0.38
	Li	0.00	1.00	0.00	0.00	1.00	0.98	0.51

在 MCOMP80 组中，Li 方法对 v05 和 v13 的 precision 分别降至 0.44 和 0.50，对其他样本的检测结果只有略微的变化，而 Farid 方法在该测试样本组中的性能则非常糟糕：该方法在 13 段测试视频中把其中 8 段样本的拷贝帧全部漏检。本书的方法对 v08 的 precision 和 v07 的 recall 分别降至 0.50 和 0.83，对其他样本的检测结果几乎与 MCOMP100 组中的结果相同。

当最后一次压缩的质量因子降至 60 时，Li 方法的性能显著下降。6 段测试样本被判定为非篡改视频。相比之下，本书方法对于大多数样本都保持了相对稳定的检测性能。

在 MCOMP + AGN 子集中，3 种方法的检测结果如表 4.6~ 表 4.8所示。对于 AGN1 组中的前四段测试样本，本书的方法超过了另外两种方法。对 v08 的 recall 则略低于其他方法。除此之外，对于 v05 和 v13，尽管其对 v05 的 precision 已经大幅降低，Li 方法的结果仍然好于本书方法。对于 v01~v03、v05、v06 和 v13 这几组样本，Farid 方法的性能最差。有趣的是，在 AGN5 样本组中，在视频进一步降质的情况下，Li 方法对 v05 的 precision 再次达到了 1.00，而非预期的低于 0.50。根据对实验样本的观察，在该组中，v05 中拷贝的源和目的帧之间的差异确实有所降低，这有可能是由有损编码造成的波动导致的。在表 4.8 中，Farid 方法和 Li 方法将大部分样本判定为非篡改视频。相比之下，本书的方法在不同程度的加性噪声降质情况下表现出了稳定的性能。

表 4.6　AGN1 组的比较结果

		v01	v02	v03	v04	v05	v06	v07
precision	本书方法	1.00	1.00	1.00	1.00	0.07	1.00	1.00
	Farid	0.00	0.00	0.00	1.00	0.00	0.62	1.00
	Li	0.00	0.00	1.00	1.00	0.46	1.00	1.00
		v08	v09	v10	v11	v12	v13	平均值
	本书方法	1.00	1.00	1.00	1.00	1.00	0.17	0.87
	Farid	1.00	1.00	1.00	1.00	1.00	0.00	0.59
	Li	1.00	1.00	1.00	1.00	1.00	1.00	0.80
		v01	v02	v03	v04	v05	v06	v07
recall	本书方法	0.92	1.00	1.00	1.00	1.00	1.00	1.00
	Farid	0.00	0.00	0.00	0.56	0.00	1.00	1.00
	Li	0.00	0.00	0.86	0.53	1.00	1.00	1.00
		v08	v09	v10	v11	v12	v13	平均值
	本书方法	0.97	1.00	1.00	1.00	1.00	1.00	0.99
	Farid	1.00	1.00	1.00	1.00	0.79	0.00	0.57
	Li	1.00	1.00	1.00	1.00	1.00	1.00	0.80
		v01	v02	v03	v04	v05	v06	v07
F_1 score	本书方法	0.96	1.00	1.00	1.00	0.14	1.00	1.00
	Farid	0.00	0.00	0.00	0.72	0.00	0.76	1.00
	Li	0.00	0.00	0.92	0.69	0.63	1.00	1.00
		v08	v09	v10	v11	v12	v13	平均值
	本书方法	0.98	1.00	1.00	1.00	1.00	0.29	0.87
	Farid	1.00	1.00	1.00	1.00	0.88	0.00	0.57
	Li	1.00	1.00	1.00	1.00	1.00	1.00	0.79

表 4.7　AGN5 组的比较结果

		v01	v02	v03	v04	v05	v06	v07
precision	本书方法	1.00	1.00	1.00	1.00	0.22	1.00	1.00
	Farid	1.00	0.00	0.00	0.00	0.00	1.00	1.00
	Li	0.00	0.00	1.00	1.00	1.00	1.00	1.00

续表

		v08	v09	v10	v11	v12	v13	平均值
	本书方法	1.00	1.00	1.00	1.00	1.00	0.12	0.87
	Farid	0.37	0.71	0.59	1.00	1.00	0.00	0.51
	Li	1.00	1.00	1.00	1.00	1.00	1.00	0.85
recall		v01	v02	v03	v04	v05	v06	v07
	本书方法	1.00	1.00	1.00	1.00	0.97	1.00	0.97
	Farid	0.80	0.00	0.00	0.00	0.00	1.00	0.74
	Li	0.00	0.00	1.00	0.35	1.00	1.00	0.35
		v08	v09	v10	v11	v12	v13	平均值
	本书方法	0.88	1.00	1.00	1.00	1.00	0.86	0.98
	Farid	1.00	1.00	0.76	1.00	0.22	0.00	0.50
	Li	1.00	1.00	1.00	1.00	1.00	1.00	0.75
F_1 score		v01	v02	v03	v04	v05	v06	v07
	本书方法	1.00	1.00	1.00	1.00	0.36	1.00	0.99
	Farid	0.89	0.00	0.00	0.00	0.00	1.00	0.85
	Li	0.00	0.00	1.00	0.52	1.00	1.00	0.52
		v08	v09	v10	v11	v12	v13	平均值
	本书方法	0.94	1.00	1.00	1.00	1.00	0.22	0.88
	Farid	0.54	0.83	0.66	1.00	0.36	0.00	0.47
	Li	1.00	1.00	1.00	1.00	1.00	1.00	0.77

表 4.8　AGN10 组的比较结果

		v01	v02	v03	v04	v05	v06	v07
precision	本书方法	1.00	1.00	1.00	1.00	0.10	1.00	1.00
	Farid	1.00	0.00	0.00	1.00	0.00	1.00	1.00
	Li	0.00	0.00	0.00	0.00	0.00	0.00	0.00
		v08	v09	v10	v11	v12	v13	平均值
	本书方法	1.00	1.00	1.00	1.00	1.00	0.08	0.86
	Farid	0.00	1.00	1.00	1.00	0.00	0.00	0.54
	Li	1.00	0.00	0.00	1.00	1.00	0.00	0.23
recall		v01	v02	v03	v04	v05	v06	v07
	本书方法	1.00	1.00	1.00	1.00	1.00	1.00	0.70
	Farid	0.94	0.00	0.00	0.33	0.00	1.00	1.00
	Li	0.00	0.00	0.00	0.00	0.00	0.00	0.00

续表

		v08	v09	v10	v11	v12	v13	平均值
	本书方法	1.00	1.00	1.00	1.00	1.00	0.88	0.97
	Farid	0.00	1.00	1.00	1.00	0.00	0.00	0.48
	Li	0.83	0.00	0.00	1.00	1.00	0.00	0.22
F_1 score		v01	v02	v03	v04	v05	v06	v07
	本书方法	1.00	1.00	1.00	1.00	0.18	1.00	0.82
	Farid	0.97	0.00	0.00	0.50	0.00	1.00	1.00
	Li	0.00	0.00	0.00	0.00	0.00	0.00	0.00
		v08	v09	v10	v11	v12	v13	平均值
	本书方法	1.00	1.00	1.00	1.00	1.00	0.15	0.86
	Farid	0.00	1.00	1.00	1.00	0.00	0.00	0.50
	Li	0.91	0.00	0.00	1.00	1.00	0.00	0.22

MCOMP + INT 子集中的检测结果如表 4.9~ 表 4.11所示。除了 v05 和 v13，本书的方法对于大多数测试用例的检测性能与另外两种方法持平或超过了另外两种方法。由于 Farid 方法中采用对亮度变化鲁棒的像素点间相关性作为特征，该方法在 3 个 INT 测试组中的性能要好于它在 AGN 子集中的性能。另外，Li 方法则对亮度变化更加不敏感，对于 INT95 测试组，Li 方法漏检了 10 段样本中的所有拷贝帧。

表 4.9　INT99 组的比较结果

		v01	v02	v03	v04	v05	v06	v07
	本书方法	1.00	1.00	1.00	1.00	0.09	1.00	1.00
	Farid	1.00	0.00	1.00	1.00	0.00	0.66	1.00
	Li	0.00	0.00	1.00	0.00	0.34	1.00	1.00
precision		v08	v09	v10	v11	v12	v13	平均值
	本书方法	1.00	1.00	1.00	1.00	1.00	0.09	0.86
	Farid	1.00	1.00	0.00	1.00	1.00	0.00	0.67
	Li	1.00	1.00	1.00	1.00	1.00	1.00	0.72
		v01	v02	v03	v04	v05	v06	v07
	本书方法	0.94	0.83	0.83	1.00	1.00	1.00	0.93
recall	Farid	0.16	0.00	0.83	1.00	0.00	0.94	0.75
	Li	0.00	0.00	0.97	0.00	1.00	1.00	0.71

续表

		v08	v09	v10	v11	v12	v13	平均值
	本书方法	1.00	1.00	1.00	1.00	1.00	0.89	0.95
	Farid	0.36	1.00	0.00	1.00	0.52	0.00	0.50
	Li	1.00	1.00	1.00	1.00	1.00	1.00	0.74
F_1 score		v01	v02	v03	v04	v05	v06	v07
	本书方法	0.97	0.91	0.91	1.00	0.17	1.00	0.96
	Farid	0.28	0.00	0.91	1.00	0.00	0.78	0.86
	Li	0.00	0.00	0.98	0.00	0.51	1.00	0.83
		v08	v09	v10	v11	v12	v13	平均值
	本书方法	1.00	1.00	1.00	1.00	1.00	0.17	0.85
	Farid	0.53	1.00	0.00	1.00	0.68	0.00	0.54
	Li	1.00	1.00	1.00	1.00	1.00	1.00	0.72

表 4.10　INT97 组的比较结果

		v01	v02	v03	v04	v05	v06	v07
precision	本书方法	1.00	1.00	1.00	1.00	0.19	1.00	1.00
	Farid	0.00	0.00	0.00	1.00	0.00	0.35	1.00
	Li	0.00	0.00	0.00	0.00	1.00	1.00	1.00
		v08	v09	v10	v11	v12	v13	平均值
	本书方法	1.00	1.00	1.00	1.00	1.00	0.15	0.87
	Farid	1.00	1.00	1.00	1.00	1.00	0.00	0.57
	Li	1.00	1.00	1.00	1.00	1.00	1.00	0.69
recall		v01	v02	v03	v04	v05	v06	v07
	本书方法	0.83	1.00	1.00	1.00	0.96	1.00	1.00
	Farid	0.00	0.00	0.00	0.32	0.00	1.00	1.00
	Li	0.00	0.00	0.00	0.00	1.00	1.00	1.00
		v08	v09	v10	v11	v12	v13	平均值
	本书方法	0.82	1.00	1.00	1.00	1.00	0.96	0.97
	Farid	1.00	1.00	1.00	1.00	0.95	0.00	0.56
	Li	0.45	1.00	1.00	1.00	1.00	0.83	0.64
F_1 score		v01	v02	v03	v04	v05	v06	v07
	本书方法	0.91	1.00	1.00	1.00	0.32	1.00	1.00
	Farid	0.00	0.00	0.00	0.48	0.00	0.52	1.00
	Li	0.00	0.00	0.00	0.00	1.00	1.00	1.00

续表

		v08	v09	v10	v11	v12	v13	平均值
	本书方法	0.90	1.00	1.00	1.00	1.00	0.26	0.88
	Farid	1.00	1.00	1.00	1.00	0.96	0.00	0.54
	Li	0.63	1.00	1.00	1.00	1.00	0.91	0.66

表 4.11　INT95 组的比较结果

		v01	v02	v03	v04	v05	v06	v07
precision	本书方法	1.00	1.00	1.00	1.00	0.16	1.00	1.00
	Farid	0.00	0.00	0.00	1.00	0.00	1.00	1.00
	Li	0.00	0.00	0.00	0.00	0.00	0.00	1.00
		v08	v09	v10	v11	v12	v13	平均值
	本书方法	1.00	1.00	1.00	1.00	1.00	0.25	0.88
	Farid	1.00	1.00	1.00	1.00	1.00	0.00	0.62
	Li	0.00	0.00	0.00	1.00	1.00	0.00	0.23
recall		v01	v02	v03	v04	v05	v06	v07
	本书方法	0.54	1.00	0.61	1.00	1.00	1.00	1.00
	Farid	0.00	0.00	0.00	0.41	0.00	1.00	1.00
	Li	0.00	0.00	0.00	0.00	0.00	0.00	0.33
		v08	v09	v10	v11	v12	v13	平均值
	本书方法	0.23	1.00	1.00	1.00	1.00	0.86	0.86
	Farid	1.00	1.00	0.73	1.00	1.00	0.00	0.55
	Li	0.00	0.00	0.00	1.00	0.97	0.00	0.18
F_1 score		v01	v02	v03	v04	v05	v06	v07
	本书方法	0.70	1.00	0.76	1.00	0.27	1.00	1.00
	Farid	0.00	0.00	0.00	0.58	0.00	1.00	1.00
	Li	0.00	0.00	0.00	0.00	0.00	0.00	0.50
		v08	v09	v10	v11	v12	v13	平均值
	本书方法	0.38	1.00	1.00	1.00	1.00	0.38	0.81
	Farid	1.00	1.00	0.84	1.00	1.00	0.00	0.57
	Li	0.00	0.00	0.00	1.00	0.99	0.00	0.19

当在降质视频中进行帧之间的比较时，帧与帧特征之间的距离很容易超出固定距离阈值的限定范围。从表 4.3~ 表 4.11中可以看到，随着降质视频强度的提升，Farid 方法和 Li 方法将超过半数的测试样本判定为非篡改视频。相比之下，本书的方法则

稳定得多。尽管对有些样本（主要是对 v05 和 v13 ）本书方法的性能不够理想，但本书的方法在各个测试组中的平均值均超过了其他两种方法。即使在降质最强的 3 个测试组中，本书方法的 precision、recall 和 F_1 score 均值也普遍为 0.8 以上。

4. 时间开销

3 种方法的时间开销均与视频的具体内容密切相关。当比较子序列时，一旦发现某一对对应的帧不相同，就会停止对当前子序列的比较。因此，帧与帧之间只有细微变化的视频将需要更多的时间开销。3 种方法对每个场景进行帧拷贝检测的运行时间如表 4.12所示。在进行帧与帧的比较之前，在 3 种方法中，视频的分辨率都被缩小到原始分辨率的 25%。实验运行的硬件环境为 Intel Core i7–2600 处理器、24GB RAM 的工作站，软件平台为 MATLAB R2014a。

表 4.12　3 种方法在每个场景中帧拷贝检测的平均时间开销

场景	平均长度/s	平均时间开销/s		
		本书方法	Farid[41]	Li[44]
v01	10	447	**438**	498
v02	11	**214**	996	567
v03	8	**195**	228	324
v04	8	218	**162**	375
v05	17	1979	**150**	1789
v06	9	**263**	535	450
v07	19	**383**	752	1900
v08	9	**226**	438	443
v09	13	**258**	394	860
v10	14	**293**	655	1010
v11	28	**461**	5226	3932
v12	30	548	**242**	4732
v13	29	951	**169**	4020

在 Farid 方法中，若子序列中各帧之间的相关系数过高，则该子序列将被判定为静止场景而被抛弃，这种子序列将不再和其他子序列进行比较。这就是 Farid 方法在场景 v05 和 v13 中耗时极短的原因（该方法漏检了场景 v05 和 v13 对应的所有测试样本中的拷贝帧）。

事实上，Farid 方法中采用的相关系数和 Li 方法中采用的结构相似性的计算时间都远小于本书方法中的图像配准时间。对于每一对要比较的帧，相关系数和结构相似性的运算分别只需要 0.05s 和 0.03s 左右，而本书方法中的图像配准过程则需要 4s 左右。即便如此，对于大多数的场景，本书方法的时间开销依然比其他两种方法短得多。粗匹配对算法的加速起到了至关重要的作用。正如在表 4.2 中给出的结果，粗匹配将雷同校验阶段的运算量降低了几个数量级，这对帧间变化较大的视频尤为明显。本书方法各个主要步骤的平均时间开销如表 4.13 所示。

表 4.13　本书方法中各步骤的平均时间开销

步骤	平均时间开销/s
GIST 特征提取	32
基于位置敏感哈希的粗匹配	209
雷同校验	252

粗匹配步骤约占总运行时间的 42%，对每一帧的平均时间开销小于 1 s。该步骤的重要性不言而喻：若没有粗匹配进行初步的筛选，对一段 10 s 左右的视频进行帧拷贝检测的时间开销就将达到几小时。

4.3 面向高码率视频的快速帧拷贝检测

在 4.2.5 节的实验中可以看到，在长度仅为 10s 左右的视频片段中检测帧拷贝所耗费的时间通常就 200s 以上。考虑到检测算法的复杂度是视频长度的二次函数，在处理实际的视频片段时，总的时间开销将非常惊人。当视频降质时，为了保证检测能力，不得不以更多的时间开销作为代价。但若在高质量视频中，当不必过于担心由降质导致的视频帧画质波动时，用户显然希望能够实现更为快速的帧拷贝检测。

现有的方法通常采用由粗到细的检测方式降低时间开销。在粗粒度检测中初步筛选出相似度较高的帧对，进而在细粒度检测中进一步验证这些可疑的帧对是否确实雷同。尽管这种模式确实能够显著地降低运算量，但在现有的方法中，为了降低时间开销，粗匹配阶段通常选择能够快速计算的特征，但这些特征的区分性往往也较弱，这导致在细粒度匹配中不得不处理大量的误匹配，这无疑带来了额外的时间开销。此外，由于帧拷贝检测是基于内容的检测方法，无法处理静止场景，故而大多数方法要在粗匹配阶段筛除静止场景。因此，粗匹配阶段特征区分性不足将导致另一个问题——对于帧间只有细微变化的视频，会有大量的帧序列因被判定为静止场景而被过滤掉，这会造成大量的漏检。

针对上述问题，本书提出了一种基于视频帧骨架特征的帧拷贝检测方法。在图形学中，骨架通常作为三维模型的一种紧致表示，反映了模型的自身拓扑和几何信息，可以看作模型的摘要。同时，三维模型的骨架同时包含拓扑信息（骨架顶点之间的联通关系）和几何信息（骨架顶点位置），天然形成了一种层次化的表达形式，且每个层次均有较好的区分性。本书设计了视频帧对应的三维骨架特征，基于骨架特征进行帧拷贝检测。需要强调的是，由于三维骨架特征对压缩、噪声等干扰比较敏感，因此这种方法仅适用于高画质视频。

4.3.1　骨架特征提取

骨架特征的提取流程包括块级局部二值模式提取、点云生成、骨架提取和骨架降采样四个步骤，如图 4.7所示。对于输入视频的一帧 F，首先将其划分为 8×8 的不重叠子块，并将这些子块进一步分为若干互不重叠的组，每一组包含 3×3 个子块。本书在每个 3×3 子块组中计算块级的局部二值模式 [127]（Local Binary Pattern，LBP。方便起见，下文将每个 3×3 的子块组称为一个 LBP 组）。假设 G_i 为第 i 个 LBP 组，如图 4.8所示，首先计算每个 8×8 子块的亮度均值，然后从 LBP 组中左上角的子块开始，按顺时针的顺序用各个子块分别与中心子块的亮度均值进行比较。若某边缘子块亮度均值大于中心子块，则该子块标记为 0，否则标记为 1。因此每个 LBP 组将对应一组 8 位的二进制串，将其按照式（4.15）转换为十进制，作为该 LBP 组对应的高度值 C_{iz}。

$$C_{iz}=\sum_{k=1}^{8} w\cdot 2^{k-1} \tag{4.15}$$

其中，

$$w_k=\begin{cases}1 & m_k>m_0\\0 & \text{otherwise}\end{cases} \tag{4.16}$$

其中，m_0 表示 LBP 组 G_i 中心的子块亮度均值，m_k 则表示第 k 个子块的亮度均值，LBP 组中的子块编号如图 4.8所示，从左上角开始按顺时针顺序分别为 $8,7,\cdots,1$。

此外，将每个 LBP 组的几何中心的水平和垂直坐标 C_{ix} 和 C_{iy} 也分别映射到三维空间，这样一来，每个 LBP 组将对应三维空间中的一个点 $C_i=(C_{ix},C_{iy},C_{iz})$。把一帧中所有的 LBP 组映射为三维空间中的点云 $C=\{C_1,C_2,\cdots,C_N\}$。

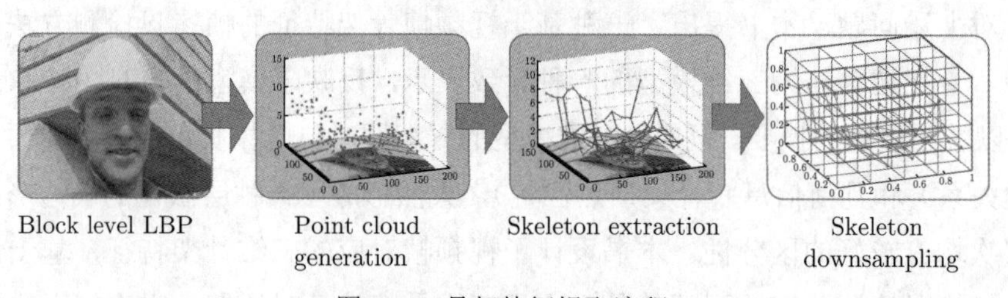

图 4.7 骨架特征提取流程

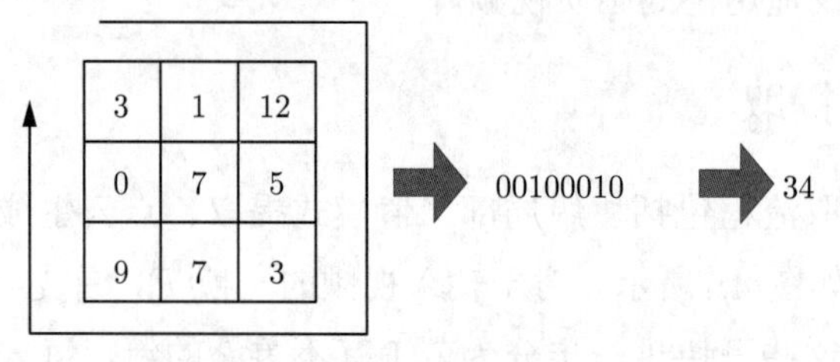

图 4.8 块级局部二值模式示意图

由视频帧映射而来的点云在有些区域会非常稀疏，因此点云 C 可被看作有缺失数据的模型。此外,点云中一些顶点的坐标可能被有损压缩过程轻微改变,因此希望选择的骨架提取方法能够处理缺失数据，且对弱噪声不敏感。本书采用了文献 [128] 中方法提出的基于点云收缩的骨架提取方法,该方法的核心是通过迭代求解如式（4.17）所示的线性系统实现点云收缩的效果。

$$\begin{bmatrix} \boldsymbol{W}_{\mathrm{L}}{}^{t}\boldsymbol{L}^{t} \\ \boldsymbol{W}_{\mathrm{H}}^{t} \end{bmatrix} C^{t+1}=\begin{bmatrix} \boldsymbol{0} \\ \boldsymbol{W}_{\mathrm{H}}^{t}C^{t} \end{bmatrix} \tag{4.17}$$

其中,C^t 和 C^{t+1} 分别表示第 t 次迭代前后的点云顶点坐标。求解式（4.17）可以理解为一个作用在点云顶点上、指向模型外部的牵引力和指向模型内部的收缩力博弈的过程。式（4.17）的上半部分 $\boldsymbol{W}_{\mathrm{L}}{}^{t}\boldsymbol{L}^{t}C^{t+1}=\boldsymbol{0}$ 将点云中的顶点向模型内部收缩，下半部分则起到维持各顶点原始位置的作用。$\boldsymbol{W}_{\mathrm{L}}{}^{t}$ 和 $\boldsymbol{W}_{\mathrm{H}}^{t}$ 都是用于加权的对角矩阵，起到平衡收缩力和吸引力的作用。$\boldsymbol{L}^{t}$ 为余弦加权的拉普拉斯矩阵，其中的每个元素定义为

$$
L_{ij}^t = \begin{cases} l_{ij}^t = \cot\alpha_{ij}^t + \cot\beta_{ij}^t & \text{if } (C_i, C_j) \in E \\ \sum\limits_{(C_i,C_k)\in E}^{k} -l_{ik}^t & \text{if } i = j \\ 0 & \text{if } ((C_i, C_j) \notin E) \wedge (i \neq j) \end{cases} \tag{4.18}
$$

其中，E 为点云中各顶点的邻域关系，该邻域关系是通过将每个顶点 C_i 的前 k 个最近邻投影到由这些最近邻的主成分确定的切平面上并进行德劳内三角化（Delaunay triangulating）得到的。α_{ij}^t 和 β_{ij}^t 为与 E 中的边 (i,j) 相对的两个角。

在每一轮迭代后，$\boldsymbol{W}_{\mathrm{L}}^t$ 和 $\boldsymbol{W}_{\mathrm{H}}^t$ 按照式（4.19）和式（4.20）进行更新，即

$$
\boldsymbol{W}_{\mathrm{L}}^{t+1} = s_{\mathrm{L}}\boldsymbol{W}_{\mathrm{L}}^t \tag{4.19}
$$

$$
W_{\mathrm{H},i}^{t+1} = W_{\mathrm{H},i}^0\sqrt{A_i^0/A_i^t} \tag{4.20}
$$

其中，s_{L} 为标量，$W_{\mathrm{H},i}^{t+1}$ 表示权值矩阵 $\boldsymbol{W}_{\mathrm{H}}^{t+1}$ 中的第 i 个元素，A_i^t 为第 t 次迭代后点云中的第 i 个顶点的一环邻域面积。

当 C 收缩为 0 体积点云时，迭代停止。在通过最远点采样建立各骨架顶点之间的初始连通关系并删除骨架上所有的三角形闭环之后，将得到线型骨架 $S_{\mathrm{kel}} = (S, E_S)$，其中，$S = \{s_i \,|s_i \in R^3, 1 \leqslant i \leqslant n_S\}$ 和 $E_S = \{e_{ij} = (s_i, s_j)\,|s_i, s_j \in S, i \neq j\}$ 分别表示骨架顶点集合和边集合，最后采用文献 [129] 中的方法对骨架顶点的位置进行校正。

不同内容的帧对应的骨架顶点数量和连通关系通常有所差异，这将导致无法直接使用 $S_{\mathrm{kel}} = (S, E_S)$ 对各帧进行比较。因此，需要对 $S_{\mathrm{kel}} = (S, E_S)$ 进行降采样操作，使各帧对应等长的特征。

首先将骨架顶点的各个维度都归一化到 $[0,1]$ 区间内，并计算归一化骨架的包围盒 B。通过将 B 沿着各个维度等分为 k 部分，得到包围盒中的一系列子空间 $b_{l,m,n}$ $(1 \leqslant l, m, n \leqslant k)$。

对包围盒中的子空间 $b_{l,m,n}$ $(1 \leqslant l, m, n \leqslant k)$，首先找出其包含的所有骨架顶点。用这些骨架顶点的几何中心 (g_x, g_y, g_z) 作为降采样骨架在该子空间内的顶点坐标。为了进一步消除压缩导致的顶点位置波动，按照式（4.21）将 (g_x, g_y, g_z) 变换为 (g'_x, g'_y, g'_z)，即

$$
g'_i = \frac{\min(|g_i - b_{i,ub}|\,, |g_i - b_{i,lb}|)}{d}, i = x, y, z \tag{4.21}
$$

其中，$b_{i,ub}$ 和 $b_{i,lb}$ 分别为相应的子空间在维度 i 的上下界。

降采样骨架顶点间的连通关系按照如下方式建立：当原始骨架顶点 s_i 和 s_j 分别位于子空间 $b_{l1,m1,n1}$ 和 $b_{l2,m2,n2}$ 中时，如果有

$$(s_i, s_j) \in E_S \tag{4.22}$$

则在 $b_{l1,m1,n1}$ 和 $b_{l2,m2,n2}$ 增加一条边。

在对原始骨架进行降采样后，每一帧对应的特征包括两部分：大小为 $3 \times k^3$ 的降采样骨架的顶点坐标矩阵 $\boldsymbol{S}_d = \{s_{di} \,|s_{di} \in R^3, 1 \leqslant i \leqslant n_d\}$，和编码了骨架顶点间连通性的邻接矩阵，记为 $\boldsymbol{A}_d$，其大小为 $k^3 \times k^3$。

4.3.2 基于骨架特征的帧拷贝检测

由于骨架天然包含拓扑（骨架顶点间的连通关系）和几何（骨架顶点坐标）两个层次的信息，可以分别在这两个层面上进行帧与帧之间的对比。在拓扑层，比较不同的视频帧对应的拓扑的相似度，并将具有相似拓扑结构的帧作为候选的匹配帧对进行进一步的比较。令 S_{di} 和 A_{di} 分别表示对应第 i 帧的两部分特征，本书分别将 S_{di} 和 A_{di} 按行展开为一维向量。此时得到两个一维向量集合 $\boldsymbol{V}_S = \{\boldsymbol{V}_{S1}, \boldsymbol{V}_{S2}, \cdots, \boldsymbol{V}_{Si}, \cdots\}$ 和 $\boldsymbol{V}_A = \{\boldsymbol{V}_{A1}, \boldsymbol{V}_{A2}, \cdots, \boldsymbol{V}_{Ai}, \cdots\}$。接下来，首先对 $\boldsymbol{V}_A$ 中的所有向量进行字典排序，得到按行排序的矩阵 $\boldsymbol{M}_A$，然后根据式（4.23）在 $\boldsymbol{M}_A$ 中找出候选的匹配帧对，即

$$D(\boldsymbol{V}_{Ai}, \boldsymbol{V}_{Aj}) \leqslant T_1 \tag{4.23}$$

其中，$D(\cdot)$ 表示汉明距离。在这一阶段获得的候选匹配帧对将进行几何层的比较。此外，若有连续的 M 帧（本书的实验中设置 $M = 15$，即约为 0.5 s）对应相同的拓扑，则认为这些帧对应静止场景，将其放弃。

笔者在实验中发现，由高码率压缩造成的拷贝帧之间的差异可能会导致骨架顶点位置的轻微变化，而拓扑通常不会发生变化或仅有较小的变动。相比之下，帧之间内容的差异则会导致拓扑和几何同时发生显著变化。因此，在几何层设计了如式（4.24）所示的以拓扑对骨架顶点位置差异进行加权的距离度量帧与帧之间的相似度，即

$$\|\boldsymbol{V}_{Si} - \boldsymbol{V}_{Sj}\|_2 \cdot \alpha^{D(\boldsymbol{V}_{A_i}, \boldsymbol{V}_{A_j})} \leqslant T_2 \tag{4.24}$$

其中，α 为大于 1 的标量。当有两段长度超过 5 帧的视频子序列中的对应帧均满足式（4.24）时，判定这两个子序列为雷同子序列。

4.3.3 实验结果及分析

1. 数据集及参数设置

本节从互联网[①]下载了 11 段常见的 yuv 序列以构造数据集。所有视频均为 CIF 格式（分辨率为 352×288 像素），其帧数从 150 到 300 不等。对每段原始视频，随机拷贝了其中的 30 帧后，用 ffmpeg 以 4500kb/s 的码率将伪造序列以 H.264 进行压缩编码。

在骨架提取阶段，本书使用了与文献 [128] 中方法相同的参数设置，本书涉及的其他参数及说明如表 4.14所示，本书随机选择了 5 段伪造视频作为训练集，根据经验设置了这些参数。

表 4.14　参数设置列表

参数	值	描述
k	4	每个维度上的子空间数
T_1	8	拓扑对比阶段的汉明距离阈值
T_2	1.9	几何层的雷同帧判定阈值
α	1.2	拓扑加权的基数

2. 检测性能测试

这里依然使用 4.2.5 节中给出的 precision、recall 和 F_1 score 作为评价指标。本节与文献 [41]（在实验结果中标记为 Farid）及文献 [43]（标记为 Lin）中的方法进行了对比。由于数据集中视频的分辨率本身较小，本书在 Farid 方法中没有按照原文将视频缩小到原始分辨率的 1/8，而是保留了原始分辨率。3 种方法的检测结果如表 4.15所示。可以看到，尽管在实验中，本书对文献 [41] 中方法的实现中并未降低输入视频的分辨率，但在 Farid 方法中，由于粗匹配阶段选择的特征区分性不足，对于几段画面变化缓慢的视频还是将大量实际存在变化的帧序列判定为静止场景而并未进行细粒度的比较，因此 Farid 方法在 akiyo、container、hall、mother-daughter 和 silent 这几段测试用例中的检测性能极差。由于相同的原因，文献 [43] 中的 Lin 方法对于上述测试用例的检测性能同样极不理想。从检测结果来看，Lin 方法中所采用的基于色彩直方图差异的特征的区分性弱于 Farid 方法中所采用的时空相关性特征。相比之下，本书的方法对内容变化非常敏感，对所有测试用例的 precision 都在 0.85 以上。但另一方面，本书的方法对压缩造成的视频帧局部结构扰动不够鲁棒，特

① http://trace.eas.asu.edu/yuv/。

别是当画面中存在大面积平滑区域时，这种现象极为明显。这导致了在 foreman 中本书方法的 recall 和 F_1 score 低于 Farid 方法和 Lin 方法。

表 4.15 三种方法的检测结果对比

		akiyo	bus	coastguard	container	flower	foreman
precision	本书方法	0.89	1.00	1.00	0.86	1.00	1.00
	Farid	0.64	1.00	1.00	0.45	0.94	1.00
	Lin	0.50	1.00	1.00	0.31	1.00	1.00
		hall	mobile	mother-daughter	silent	waterfall	
	本书方法	0.92	1.00	1.00	1.00	1.00	
	Farid	0.89	1.00	1.00	1.00	0.88	
	Lin	0.81	1.00	0.64	0.78	0.97	
recall		akiyo	bus	coastguard	container	flower	foreman
	本书方法	0.80	1.00	1.00	0.83	1.00	0.90
	Farid	0.23	1.00	1.00	0.17	1.00	1.00
	Lin	0.20	1.00	1.00	0.13	1.00	0.97
		hall	mobile	mother-daughter	silent	waterfall	
	本书方法	0.83	1.00	0.80	0.77	1.00	
	Farid	0.57	1.00	0.37	0.30	1.00	
	Lin	0.73	1.00	0.30	0.23	0.93	
F_1 score		akiyo	bus	coastguard	container	flower	foreman
	本书方法	0.84	1.00	1.00	0.85	1.00	0.95
	Farid	0.34	1.00	1.00	0.24	0.97	1.00
	Lin	0.29	1.00	1.00	0.19	1.00	0.98
		hall	mobile	mother-daughter	silent	waterfall	
	本书方法	0.88	1.00	0.89	0.87	1.00	
	Farid	0.69	1.00	0.54	0.46	0.94	
	Lin	0.77	1.00	0.41	0.36	0.95	

3 种方法对于各测试样本的 precision、recall 和 F_1 score 的均值随压缩码率变化的情况如图 4.9所示。可以看到，在码率从 4500 kb/s 到 3000 kb/s 之间变化的过程中，文献 [41] 和 [43] 中方法的 3 种指标基本保持不变，而本书方法的 recall 和 F_1 score 指标则随着压缩强度的提升迅速下降。当压缩码率下降至 3000 kb/s 时，本书方法的 recall 和 F_1 score 指标分别为 0.3 和 0.5 以下。因此，本书的方法对于视

频帧局部结构的细微变化过于敏感，并不适合用于低码率视频的帧拷贝检测。

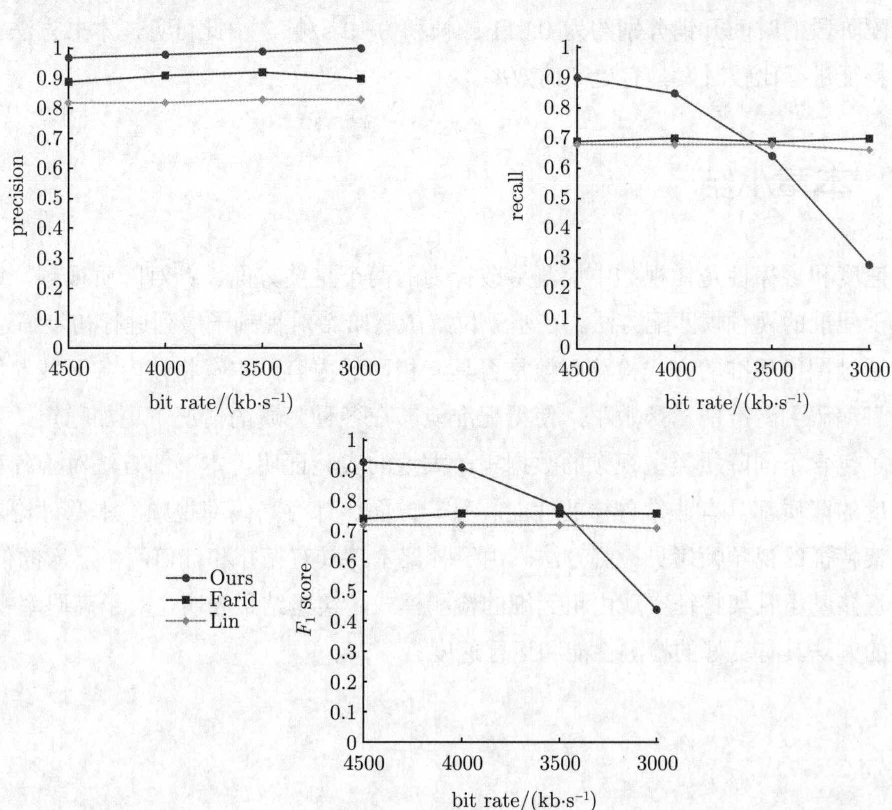

图 4.9　3 种方法（分别标记为 Ours、Farid 和 Lin）在不同码率的视频中的检测性能

3. 时间开销

3 种方法的平均时间开销如表 4.16所示。可以看到，本书方法的时间开销仅为 Farid 方法和 Lin 方法的 1/3 左右。实际上，每一帧的骨架特征提取大约耗时 0.3 s，而在未对视频分辨率进行缩小的情况下，文献 [41] 中方法第一阶段时域特征的平

表 4.16　3 种方法的平均时间开销对比

方法	平均时间开销/s
本书方法	171
Farid[41]	489
Lin[43]	610

均提取时间约为 0.005s，空域特征则约为 0.17s。相应地，Lin 方法中粗粒度和细粒度匹配阶段的时间开销分别约为 0.011 s/帧和 0.19 s/帧。由此可见，本书方法在对帧的特征进行比较时，具有更高的效率。

4.4 本章小结

速度和鲁棒性是在视频中检测篡改行为的两个重要方面。针对降质视频，讨论了基于配准的视频帧匹配方法。在基于位置敏感哈希对视频子序列进行初步筛选后，本章通过图像配准的方式检验两帧是否具有相同的内容。本章将帧内各区域的稳定性信息编码到配准能量函数中，使得配准能够在各种降质的情况下更加稳定。本章构造了包含不同降质类型视频的数据集，大量的实验证明，本书的方法对于各种不同强度的降质都具有非常鲁棒的性能。另一方面，针对高码率视频，本章讨论了基于骨架特征的视频帧拷贝检测方法。由于骨架本身具有拓扑和几何两个层次的信息，可以直接基于骨架特征实现由粗到细的检测模式，实验结果表明，对于高码率视频，本书的方法具有良好的检测性能和运行速度。

第 5 章

基于码流分析的视频删/插帧检测

5.1 引言

MPEG-2、MPEG-4 和 H.264 等主流视频编码标准均采用帧内结合帧间的编码方式。其中，帧间编码是将待编码的帧基于某个参考帧进行预测，将待编码的视频帧转换为预测值和预测残差两部分。在这种机制下，一组帧序列经过一次编码后，采用帧间方式编码的帧，特别是其中采用单向预测的 P 帧，将与其参考帧之间产生一定的相关性。

当对编码后的视频进行删/插帧操作后，若删除/插入的帧数不是 GoP（Group of Pictures）的整数倍，在对篡改视频再次编码保存时，篡改点之前的 P 帧仍将基于初次编码时的参考帧进行预测，而篡改点之后的参考帧将会改变。这样，在第二次编码时，篡改点之后的 P 帧与其参考帧之间的相关性将弱于篡改点之前的 P 帧与其参考帧之间的相关性。这相当于在第二次编码的过程中对于篡改点之前和之后的 P 帧采用了不同的参数进行变换，即篡改点之前和之后的 P 帧经历了不一致的变换链。其直观表现之一是，篡改点之后的一部分 P 帧在第二次编码时被分配到了新的 GoP 中，这些 P 帧往往对应较大的预测残差，这就造成了残差序列的周期性增长。

绝大多数基于码流分析的方法是通过构造某种特征去暴露这种周期效应的存在。例如，Wang[69] 或 Stamm[70] 等人的方法利用频域的局部极值检测周期效应，从本质上看，若记 $P(\cdot)$ 为残差序列的频谱函数，并假设残差序列中的周期效应的频率为 ω_i，则上述两种方法是将式（1.11）具体化为

$$P(\omega_i) - \alpha \cdot P(\omega_j) > 0, \quad |j-i| > r,\ i \neq j,\ \alpha > 1,\ r > 0$$

然而，受视频自身内容变化以及篡改位置等因素的影响，在篡改过的视频码流中，并

不是总能够实现稳定、准确的异常周期效应检测。为此，本章提出以码流信息中预测残差和帧内编码宏块数量的同时突变作为视频遭到删/插帧篡改的依据，并设计一种新的特征以量化预测残差和宏块数量的变化强度。本章的内容组织如下：首先简要介绍视频压缩编码中，与本书内容相关的一些概念，接下来分析基于异常周期效应的删/插帧检测方法的局限性，进而具体阐述提出的方法的理论基础和细节，并给出相关的实验结果。

5.2 视频编码相关概念

在 H.264 和 MPEG-2、MPEG-4 等主流的压缩编码标准中，待编码的视频序列首先会被分成若干 GoP。每个 GoP 中包含一个 I 帧和若干 P 和 B 帧。GoP 必须以 I 帧开始。I 帧采用独立编码，在解码阶段不需要参考其他帧。P 帧则是通过计算当前帧与前一个 I 或 P 帧之间内容的相对运动进行预测的。预测帧与编码前原始帧之间的差异称为预测残差（Prediction Residual，PR）。由于 PR 本身要进行有损压缩，所以解码后重建的帧通常与未压缩之前的对应帧是有所差异的。B 帧也是通过预测得到，与 P 帧的不同之处在于，P 帧只基于单向预测，而 B 帧则是基于其临近的 I 或 P 帧进行双向预测。

帧与帧之间的运动估计和有损压缩是以固定或可变大小的宏块（Macro Block，MB）为单元进行操作的。MB 可以粗略地分为三类：预测编码宏块 P-MB、帧内编码宏块 I-MB，以及直接从参考帧中拷贝的忽略宏块 S-MB。

5.3 基于异常周期效应检测删/插帧操作的局限性

当一段视频被插入或删除若干连续的帧并重新编码后，若插入或删除的帧序列不是恰好为整数个 GoP（在实际的篡改操作中首先要考虑内容方面的因素，因此恰好删除整数个 GoP 应该是一个极小概率的事件），则在第二次编码中，篡改后的帧序列将会进行如图 5.1所示的 GoP 重组。其中，第一行为原始 GoP ，当篡改者将原始视频第二个 GoP 中的最后 5 帧删除（图 5.1第二行）并对伪造视频进行重新编码时，第三个 GoP 的前 5 帧在第二次编码阶段向前移动到了第二个 GoP 中，且原始视频第三个 GoP 中的第 6 帧在第二次编码时，由 B 帧变成了 I 帧（图 5.1第三行）。显然，后续的 GoP

中的所有视频帧都将产生相同的位移。根据 Wang 和 Farid [69] 的研究成果，理论上讲，当某一视频帧在第二次编码中被分配到一个新的 GoP，并以 P 帧进行编码时，该帧与其参考帧之间的相关性将会减弱。根据这一理论，由删/插帧操作引起的帧序列移位将会导致码流中 P 帧的 PR 均值和 I-MB 数量（后文记为 NIMB）同时出现周期性的增长。然而，在码流中检测到这种异常的周期性峰值并不容易，其原因主要有以下几点。

（1）PR 和视频内容密切相关，因此码流中由视频内容变化引起的 PR 均值自身的波动将掩盖上述的周期效应。

（2）当篡改点（即时间轴上的删/插帧位置）靠近视频末尾时，周期效应的周期性无法在码流中体现出来。

（3）当篡改后的视频内容为一段静止场景时，除了篡改点附近的一小段区域，码流中的其他位置几乎不会出现明显的局部极值。

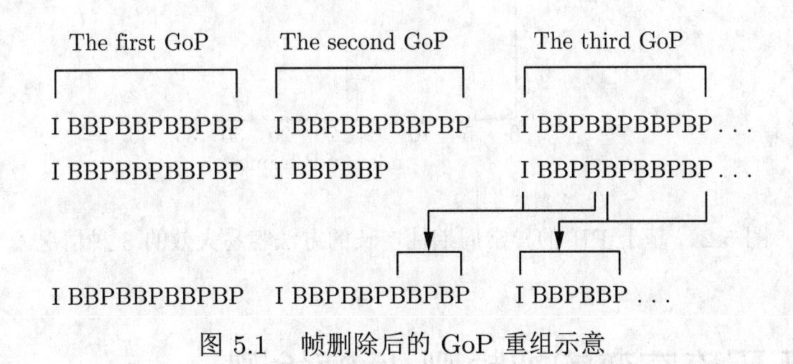

图 5.1 帧删除后的 GoP 重组示意

对于上述 3 种情况，这里分别展示了一个典型的实例，如图 5.2所示。图中绘制了 3 段经过删帧操作的篡改视频中所有 P 帧的 PR 均值。各图中的横轴为 P 帧的顺序编号，纵轴为各 P 帧对应的 PR 均值。图中红线的位置为篡改点之后的第一个 P 帧位置。除非特别说明，后文涉及的各图均将采用本图中的约定。在图 5.2（a）中，PR 均值随视频内容的变化产生了波动，这种波动掩盖了删帧操作引起的周期性变化；在图 5.2（b）中，由于篡改点过于接近视频末尾，篡改点之后的 P 帧数量太少。在样本不足的情况下，无法准确地检测周期效应；在图 5.2（c）中，通过删除有目标移动的帧序列，篡改后的视频内容为一段静止场景。在这类视频中，通常情况下，除了篡改点附近的小范围区域（图 5.2（c）中的第 17、18 和 19 个 P 帧），其他位置上的 PR 均值几乎为 0，显然，在这种情况下，周期性极值也无从检测。

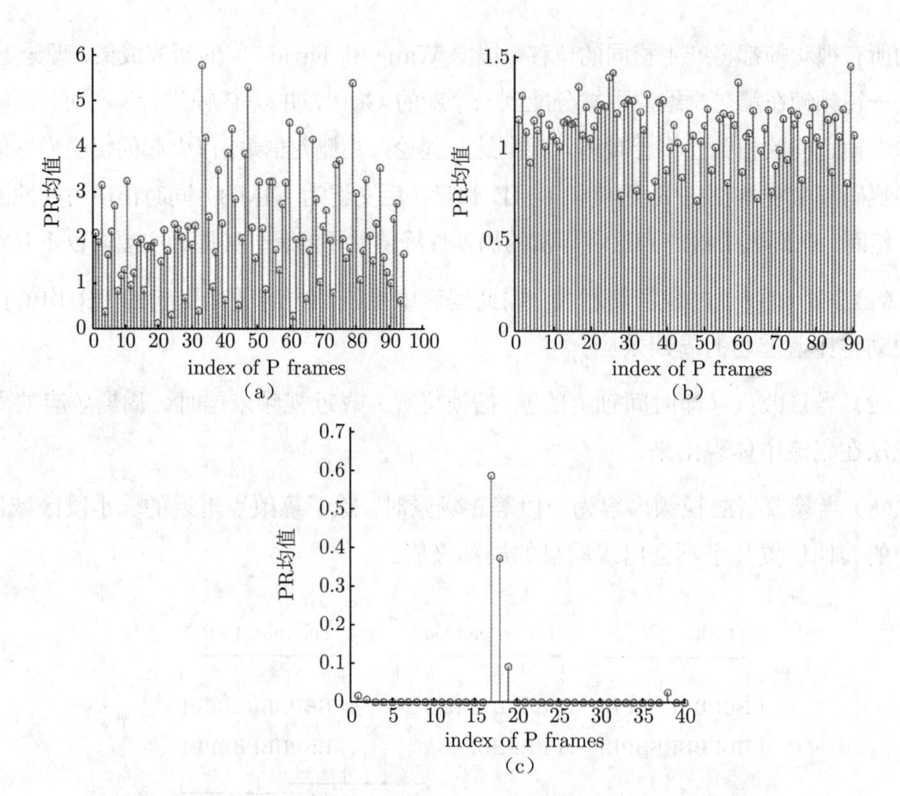

图 5.2 基于 PR 的异常周期性增长的方法容易失效的 3 种情况

5.4 基于码流突变的视频删/插帧检测

尽管无法稳定地检测到篡改视频中的异常周期效应，视频帧的删除/插入操作在大多数情况下可以通过码流信息的突变进行检测。令 P_i 为第 i 个 P 帧，并令 R_i 和 PR_i 分别表示 P_i 的参考帧（即 P_i 的前一个 P 或 I 帧）和 P_i 的 PR 图像。根据 MPEG-2、MPEG-4 和 H.264 等常用编码标准的编码原理，可知

$$P_i = \mathcal{M}(R_i) + PR_i \tag{5.1}$$

其中，$\mathcal{M}(\cdot)$ 表示运动补偿操作，因此有

$$PR_i = P_i - \mathcal{M}(R_i) \tag{5.2}$$

假设 $U_{P,i}$ 和 $U_{R,i}$ 分别为 P_i 和 R_i 的未压缩版本，由于 I 帧和 P 帧的 PR 都经历有损压缩，式（5.2）可以改写为

$$PR_i = U_{P,i} + N_{P,i} - \mathcal{M}(U_{R,i} + N_{R,i}) \tag{5.3}$$

其中，$N_{P,i}$ 和 $N_{R,i}$ 分别表示由有损压缩造成的噪声项。此时可以进一步将 PR_i 近似为

$$PR_i \approx U_{P,i} - \mathcal{M}(U_{R,i}) + N_{P,i} - \mathcal{M}(N_{R,i}) \tag{5.4}$$

式（5.4）表明，P 帧的预测残差可以大致划分为两种成分：由帧间内容差异导致的分量 $U_{P,i} - \mathcal{M}(U_{R,i})$ 和由有损压缩造成的成分 $N_{P,i} - \mathcal{M}(N_{R,i})$。

当视频被插入或删除一段视频帧时，不失一般性，假设 P_k 为篡改点后的第一个 P 帧，由于帧插入/删除操作导致篡改点处的帧间内容不连续，PR_k 的前半部分 $U_{P,k} - \mathcal{M}(U_{R,k})$ 通常会取较大值。因此，在帧插入/删除点后的第一个 P 帧处的 PR 值通常会大于其他 P 帧。这种现象在伪造的静止场景视频中同样存在。在伪造的静止场景视频片段中（例如一段视频中只有静止的背景，不存在任何运动对象），帧间的内容并不发生变化，因此 $U_{P,k} - \mathcal{M}(U_{R,k})$ 将非常小。然而，由于 P_k 在首次压缩的过程中并非基于 R_k 进行预测，噪声项 $N_{P,k}$ 和 $N_{R,k}$ 之间的相关性与其他 P 帧相比要更弱一些，因此会导致出现相对较大的 $N_{P,k} - \mathcal{M}(N_{R,k})$ 项。相应地，由于 P_k 和 R_k 之间的相关性弱，P_k 中会存在比其他 P 帧更多的 I-MB 。

综上所述，在删/插帧操作之后，对篡改点后的第一个 P 帧而言，其对应的 PR 均值和 NIMB 通常会同时显著提升，即便是在伪造的静止场景中，这种现象依然存在。此外，篡改点之后的第一个 P 帧对应的 PR 均值和 NIMBs 通常也比其他 P 帧更高，如图 5.3所示。在图 5.3中分别绘制了四段篡改视频各个 P 帧对应的 PR 图像

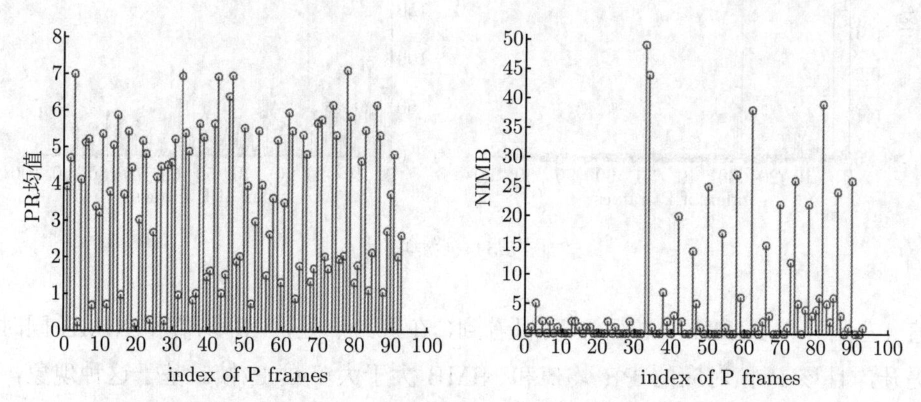

图 5.3　篡改点后的第一个 P 帧对应的 PR 均值和 NIMBs 同时显著提升

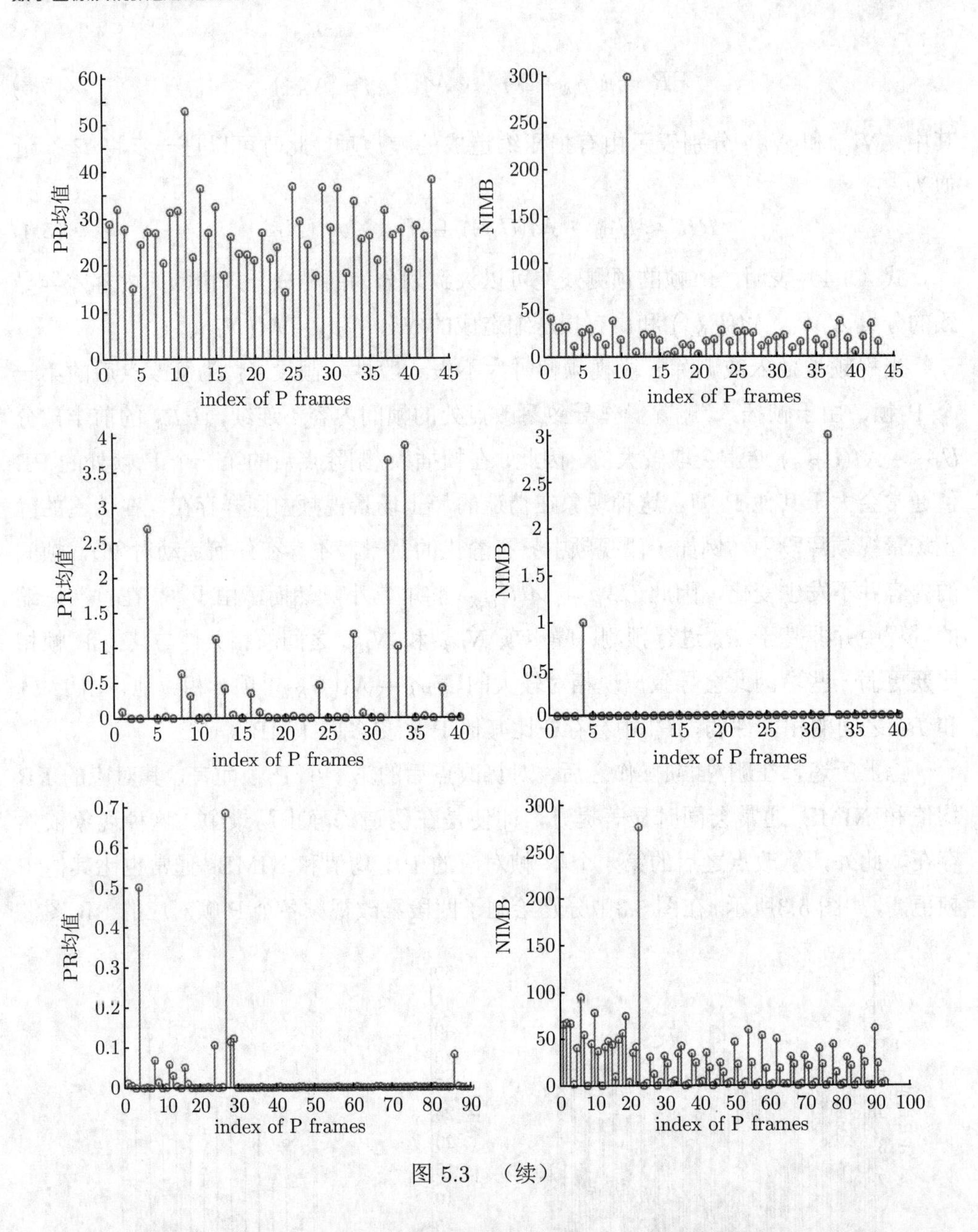

图 5.3 （续）

均值（左列）和 NIMB（右列）。可以看到，在篡改点处，PR 均值和 NIMB 同时显著提升，且该 P 帧对应的 PR 均值和 NIMB 大于大多数 P 帧。基于这种现象，本书设计了两种分别基于 PR 和 NIMB 的特征捕捉码流中的异常突变。

为了更好地捕捉 PR 的变化情况，把每一个 P 帧对应的 PR 图像用小波分解为不同的频带，并分别在高频和低频上检验 PR 的变化。具体而言，令 PR_i 为输入视频中第 i 个 P 帧的 PR 图像，将其分解为一个低频分量 $PR_{i,L}$ 和水平、垂直以及对角线 3 个方向上的高频分量 $PR_{i,H}$、$PR_{i,V}$ 和 $PR_{i,D}$，然后计算每个分量上能量的均值 $\mu_{i,x}$ 和方差 $\sigma_{i,x}^2$ 为

$$\mu_{i,x} = \frac{1}{N_x}\sum_{k=1}^{N}|PR_{k,i,x}|, x \in \{L,H,V,D\} \tag{5.5}$$

$$\sigma_{i,x}^2 = \frac{1}{N_x - 1}\sum_{k=1}^{N}(PR_{k,i,x} - \mu_{i,x})^2, x \in \{L,H,V,D\} \tag{5.6}$$

其中，$PR_{k,i,x}$——$PR_{i,x}$ 中的第 k 个元素；N_x——子带 x 中的元素总数（这里仅使用了视频的 Y 分量）。

接下来，分别以式（5.7）和式（5.8）度量每个分量中均值和方差的变化情况。

$$v_{\mu,i,x} = \frac{\mu_{i,x}}{\mu_{\max,x}} \cdot \frac{\mu_{i,x}}{\mu_{i-1,x}} \tag{5.7}$$

$$v_{\sigma,i,x} = \frac{\sigma_{i,x}^2}{\sigma_{\max,x}^2} \cdot \frac{\sigma_{i,x}^2}{\sigma_{i-1,x}^2} \tag{5.8}$$

其中，$\mu_{\max,x}$ 和 $\sigma_{\max,x}^2$ 分别为 $\{\mu_{i,x}\}$ 和 $\{\sigma_{i,x}^2\}$（$i = 1,2,\cdots,T$，T 为输入视频的 P 帧数量）中的最大值。

式（5.7）和式（5.8）中的后半部分 $\mu_{i,x}/\mu_{i-1,x}$ 和 $\sigma_{i,x}^2/\sigma_{i-1,x}^2$ 分别为 PR 的均值和方差变化强度的度量，前半部分 $\mu_{i,x}/\mu_{\max,x}$ 和 $\sigma_{i,x}^2/\sigma_{\max,x}^2$ 则是对本身较大的 PR 均值和方差赋予更高的权值。

接下来，基于 $v_{\mu,i,x}$ 和 $v_{\sigma,i,x}$ 定义 P_i 帧的特征变化（characteristic variation）为各分量中的最强变化，即

$$V_{R,i} = \max(v_{\mu,i,x}, v_{\sigma,i,x}), x \in \{L,H,V,D\} \tag{5.9}$$

类似地，将 P_i 帧对应的 NIMBs 变化强度定义为

$$V_{I,i} = \frac{N_{I,i}}{N_{I,\max}} \cdot \frac{N_{I,i}}{N_{I,i-1}} \tag{5.10}$$

其中，$N_{I,i}$ 为第 i 个 P 帧中的 NIMBs，$N_{I,\max}$ 表示 $\{N_{I,i}\}, i = 1,2,\cdots,T$ 中的最大值。

基于 PR 均值和 NIMBs 的变化强度 $V_{R,i}$ 和 $V_{I,i}$，本书定义了如式（5.11）所示的融合指标以量化 P_i 对应的码流信息变化强度：

$$V_i=\begin{cases} V_{R,i} & \text{if} \quad \forall l\in[i-t,i+t], N_{I,l}=0 \\ (\min(V_{R,i},V_{I,i})-1)\cdot V_{R,i}\cdot V_{I,i} & \text{otherwise} \end{cases} \tag{5.11}$$

式（5.11）的下半部分是针对视频中的常规场景，而上半部分则是专门针对静止场景。由于大多数静止场景对应的 P 帧上的 NIMB=0，当发现在一定时间段范围内（本书的实验中设置 $t=30$）的 P 帧上均不存在 I-MB 时，则对这些 P 帧仅考虑 PR 的变化。

候选的篡改点通过式（5.12）进行检测，即

$$l=\arg\max_i V_i, i=2,\cdots,T \tag{5.12}$$

正如前文分析的，我们预期在篡改点处发现 PR 和 NIMB 同时显著增长，即有 $V_{R,i}\gg 1$ 且 $V_{I,i}\gg 1$。式（5.11）的前半部分 $(\min(V_{R,i},V_{I,i})-1)$ 可以看作是一个开关，当 $V_{R,i}$ 或 $V_{I,i}$ 小于或等于 1 时，$\min(V_{R,i},V_{I,i})-1\leqslant 0$，此时 $V_i\leqslant 0$。反之，若 $V_{R,i}$ 和 $V_{I,i}$ 同时大于 1，V_i 则随着 PR 和 NIMB 变化的增强而变大。

最终基于阈值 τ 判断候选的篡改点是否对应实际的删/插帧操作，即若有 $V_l>\tau$，则认为该视频经过篡改，且 l 为篡改点，否则认为该视频未经篡改。

5.5 实验结果及分析

5.5.1 数据集

本节创建 3 个数据集以检测算法的性能。第一个数据集包括 220 段未篡改视频，第二个和第三个数据集为篡改数据集。两个篡改数据集分别是为了测试两次压缩中在 GoP 相同或不同的情况下，对算法检测能力的影响。在第二个数据集中，在两次压缩中均设置 GoP 大小为 12 帧。在第三个数据集中，两次压缩使用了不同的 GoP：第一次压缩 GoP 为 12，第二次为 15。非篡改数据集包括两个子集：常规场景子集和静止场景子集。类似地，每个篡改数据集也进一步划分为常规场景和静止场景。同时，常规场景和静止场景又分别包括删帧伪造子集和插帧伪造子集，因此本节的数据集共包括 10 个子集。为方便起见，后文将 10 个测试集分别记为：SU（S 表示静止场景，U 表示未篡改），RU（R 表示常规场景），SSD（第一个 S 表示静止场景，第二个 S 表示两次压缩采用相同 GoP，D 表示篡改类型为删帧操作），SSI（I 表示

篡改类型为插帧操作），SDD（静止场景-两次压缩采用不同 GoP-删帧操作），SDI，RSD，RSI，RDD 和 RDI。以上所有视频片段均基于 11 段常见的 CIF 格式 YUV 视频序列生成[①]，各子集的细节如下。

SU 子集：为了模拟静止场景，对于每段原始 YUV 序列，随机选择一帧替换掉原始序列中的其他帧，然后用 H.264 标准将其编码[②]。基于每段 YUV 序列生成 10 段静止场景片段。

RU 子集：在每段原始 YUV 序列中，随机删除其末尾的 k 帧（k 为 $[5,20]$ 范围内的正整数），将得到的 YUV 序列编码为 H.264 格式。基于每段 YUV 序列生成 10 段常规场景片段。

SSD 子集：为了模拟两段静态场景之间包含运动的视频片段（例如监控视频中，行人走过监控区域为运动片段，在该片段的前后，视频中拍摄的都是静态的背景区域），对于每段原始 YUV 序列，随机选择连续的 w 帧保留下来，并将原始序列的其他帧替换为保留片段的第一帧。接下来将得到的 YUV 序列编码为 H.264 格式。为了生成伪造的静态场景，在视频解码后，将包含运动的帧（即最初保留的 w 帧）删除，并将篡改后的视频再次编码为 H.264 格式。

SSI 子集：最初的几个步骤与 SSD 子集相同：对于每段原始 YUV 序列，随机选择连续的 w 帧保留下来，并将原始序列的其他帧替换为保留片段的第一帧，并将得到的 YUV 序列编码为 H.264 格式。接下来，将视频解码后，不再删除运动的帧，而是用最初保留的 w 片段的前一帧替换掉包含运动的片段，最后将得到的视频再次压缩编码。两次压缩的 GoP 都为 12。

SDD 子集：生成方式与 SSD 子集相同，但第二次压缩的 GoP 为 15。

SDI 子集：生成方式与 SSI 子集相同，但第二次压缩的 GoP 为 15。

RSD 子集：首先将每段原始 YUV 序列以 H.264 格式编码，在解码压缩视频并随机删除连续的 w 帧后，将得到的视频序列再次编码。两次压缩的 GoP 都为 12。

RSI 子集：首先将每段原始 YUV 序列以 H.264 格式编码，在解码压缩视频后随机拷贝连续的 w 帧插入视频的其他位置，将得到的视频序列再次编码。两次压缩

① YUV 序列下载地址为 http://trace.eas.asu.edu/yuv/index.html，本节选择了该网站上所有长度不超过 300 帧的 CIF 格式的 YUV 序列，这些序列名称分别是：akiyo，bus，coastguard，container，flower，foreman，hall，mobile，mother-daughter，silent 和 waterfall。

② 采用 ffmpeg（http://www.ffmpeg.org/）作为编解码器。

的 GoP 都为 12。

RDD 子集：生成方式与 RSD 子集相同，但第二次压缩的 GoP 为 15。

RDI 子集：生成方式与 RSI 子集相同，但第二次压缩的 GoP 为 15。

在上述的 10 个篡改测试集中，删除或插入的帧数 w 分别取 10, 15, 20, 25, 30，每种 w 取值对应 110 段伪造视频片段（对于每种情况，基于每段 YUV 序列生成 10 段伪造视频），因此每个篡改测试集中包含 550 段测试样本。

5.5.2 检测性能测试

本节对本方法的篡改检测能力和篡改点定位能力分别进行测试。篡改检测能力是指算法区分篡改视频和非篡改视频的能力，即视频级的检测性能。篡改点定位精度则是指算法正确定位帧删除或插入点的能力。

从原理上来讲，文献 [70] 和文献 [74] 中的方法与本书的方法最为相似。然而，文献 [74] 中的方法依赖过多的约束条件：该方法要求输入视频只包含 I 帧和 P 帧，且两次压缩不能使用相同的 GoP 。此外，该方法对篡改点的定位精度过于粗糙。另一方面，文献 [70] 中方法并未公布其方法中涉及的一些重要参数。这使得无法与文献 [70] 和文献 [74] 中的方法进行公平比较，因此本节选择文献 [78]（记为 ML）和文献 [98]（记为 OF）中方法分别进行篡改检测能力和定位能力的比较。

本书选择 4 层 DB10 小波对 PR 图像进行分解，最终的篡改决策阈值 τ 根据经验设置为 30。

1. 篡改检测能力测试

本节用 precision、recall、F_1 score 评价算法的篡改检测能力，即

$$\text{precision} = \frac{TP}{TP + FP} \tag{5.13}$$

$$\text{recall} = \frac{TP}{TP + FN} \tag{5.14}$$

$$F_1\ \text{score} = \frac{2 \cdot \text{precision} \cdot \text{recall}}{\text{precision} + \text{recall}} \tag{5.15}$$

其中，TP——正确判定为篡改的视频数量；FP——错误地判定为篡改的视频数量；FN——错误地判定为非篡改的视频数量。

在本节中与文献 [78] 中方法进行了比较。文献 [78] 中方法是一种基于机器学习的检测方法。本书为其构建训练集的方法如下：对于每段原始 YUV 序列，随机选择

一段其对应的非篡改编码视频（对静止场景和常规场景分别构建了训练集）。本书选择了文献 [78] 中方法推荐的 3 种分类器之一的支持向量机作为分类器。

对于每一个篡改视频子集，将其与相应的非篡改子集合并来构建测试集。例如，静态场景的篡改子集 SSD 和 SDD 分别和 SU 合并，而常规场景的篡改子集 RSD 和 RDI 则分别和 RU 合并，因此最终将得到 8 个测试集，每个测试集包括 110 段测试样本，其中正负样本数量均为 110。

两种方法在 8 个测试集中的检测结果如表 5.1～ 表 5.8所示。各表表头中的 N_D 为删除或插入帧的数量。SU + SSD 表示该测试集是通过合并 SU 和 SSD 子集构造的。

表 5.1　SU+SSD 测试集中的检测结果

N_D	方法	precision	recall	F_1 score
10	ML	0.64	0.62	0.63
	本书方法	0.88	0.77	0.82
15	ML	0.63	0.58	0.60
	本书方法	0.88	0.81	0.84
20	ML	0.65	0.65	0.65
	本书方法	0.88	0.82	0.85
25	ML	0.63	0.60	0.62
	本书方法	0.88	0.84	0.86
30	ML	0.65	0.64	0.64
	本书方法	0.88	0.81	0.84

表 5.2　SU+SDD 测试集中的检测结果

N_D	方法	precision	recall	F_1 score
10	ML	0.66	0.66	0.66
	本书方法	0.87	0.74	0.80
15	ML	0.65	0.65	0.65
	本书方法	0.88	0.78	0.83
20	ML	0.66	0.68	0.67
	本书方法	0.88	0.78	0.83
25	ML	0.67	0.69	0.68
	本书方法	0.88	0.80	0.84
30	ML	0.66	0.68	0.67
	本书方法	0.88	0.82	0.85

表 5.3 RU+RSD 测试集中的检测结果

N_D	方法	precision	recall	F_1 score
10	ML	0.59	0.57	0.58
	本书方法	0.71	0.62	0.66
15	ML	0.56	0.50	0.53
	本书方法	0.72	0.65	0.68
20	ML	0.58	0.54	0.57
	本书方法	0.73	0.69	0.71
25	ML	0.57	0.52	0.54
	本书方法	0.74	0.73	0.73
30	ML	0.59	0.55	0.57
	本书方法	0.73	0.70	0.72

表 5.4 RU+RDD 测试集中的检测结果

N_D	方法	precision	recall	F_1 score
10	ML	0.59	0.55	0.57
	本书方法	0.70	0.59	0.64
15	ML	0.59	0.56	0.58
	本书方法	0.71	0.62	0.66
20	ML	0.60	0.59	0.60
	本书方法	0.72	0.65	0.69
25	ML	0.58	0.54	0.56
	本书方法	0.72	0.66	0.69
30	ML	0.59	0.57	0.58
	本书方法	0.73	0.68	0.70

表 5.5 SU+SSI 测试集中的检测结果

N_D	方法	precision	recall	F_1 score
10	ML	0.62	0.56	0.59
	本书方法	0.88	0.80	0.84
15	ML	0.63	0.60	0.62
	本书方法	0.88	0.81	0.84
20	ML	0.64	0.61	0.62
	本书方法	0.88	0.79	0.83

续表

N_D	方法	precision	recall	F_1 score
25	ML	0.65	0.65	0.65
	本书方法	0.88	0.81	0.84
30	ML	0.64	0.63	0.64
	本书方法	0.88	0.83	0.85

表 5.6　SU+SDI 测试集中的检测结果

N_D	方法	precision	recall	F_1 score
10	ML	0.63	0.59	0.61
	本书方法	0.87	0.75	0.81
15	ML	0.64	0.62	0.63
	本书方法	0.88	0.79	0.83
20	ML	0.64	0.62	0.63
	本书方法	0.88	0.82	0.85
25	ML	0.65	0.64	0.64
	本书方法	0.89	0.85	0.87
30	ML	0.65	0.65	0.65
	本书方法	0.88	0.84	0.86

表 5.7　RU+RSI 测试集中的检测结果

N_D	方法	precision	recall	F_1 score
10	ML	0.58	0.55	0.56
	本书方法	0.72	0.65	0.68
15	ML	0.59	0.55	0.57
	本书方法	0.72	0.65	0.69
20	ML	0.61	0.60	0.60
	本书方法	0.75	0.77	0.76
25	ML	0.60	0.58	0.59
	本书方法	0.76	0.80	0.78
30	ML	0.61	0.62	0.62
	本书方法	0.75	0.78	0.77

表 5.8　RU+RDI 测试集中的检测结果

N_D	方法	precision	recall	F_1 score
10	ML	0.57	0.52	0.54
	本书方法	0.71	0.61	0.65
15	ML	0.59	0.56	0.58
	本书方法	0.72	0.66	0.69
20	ML	0.60	0.59	0.60
	本书方法	0.75	0.76	0.76
25	ML	0.61	0.60	0.60
	本书方法	0.76	0.79	0.77
30	ML	0.62	0.63	0.62
	本书方法	0.76	0.81	0.78

可以看到，在表 5.1～ 表 5.8中给出的实验结果中，本书的方法全面超越了文献 [78] 中方法。此外，两种方法在静止场景中（SU+SSD，SU+SSI，SU+SDD 和 SU+SDI）的取证性能要远好于常规场景中（RU+RSD，RU+RSI，RU+RDD 和 RU+RDI）的取证性能。在本书的方法中，这种差异表现得尤为明显，本书的方法在静止场景中的 F_1 score 要比常规场景高约 0.13。这是由于在静止场景中，大多数帧对应的 PR 均值和 NIMB 值均非常稳定地处于较低水平，而在篡改点附近通常则会有较明显的增强，而本书的方法很容易检测到这种异常，而在常规场景中，视频内容自身的变化有时也会导致码流中出现较强的波动，因此增加了虚警的概率。相比之下，在文献 [78] 中方法中，PR 均值等特征在各帧之间进行了平均，这种操作弱化了码流中的异常突变，因此文献 [78] 中方法的检测结果并不理想。此外，还应该注意到的是，在 4 个删帧测试集 SU+SSD、SU+SDD、RU+RSD 和 RU+RDD 以及插帧的两个静止场景测试集 SU+SSI 和 SU+SDI 中，本书方法的 recall 并未随删帧或插帧数量的变化有太大的波动，而在插帧的两个常规场景测试集 RU+RSI 和 RU+RDI 中，当删帧或插帧数量达到 20 时，recall 值比删/插 15 帧时有了明显的提升。

2. 篡改点定位能力测试

本节对本书方法的篡改点定位能力进行评估。这里选择了同样能够定位篡改点的文献 [98] 中方法作为比较方法。本节使用了 5.5.1 节中的 10 个篡改子集作为测试集。若检测到的篡改点与实际篡改点处于同一个 GoP 内，则认为定位结果正确。此外，由于插入操作涉及插入片段两个篡改点，当算法找到其中之一时，即认为成功定位了篡改点。本节以正确定位的篡改点数在总样本数中的比例 p 作为篡改点定位准确率来评价定位性能，即

$$p = \frac{n_c}{n_v} \tag{5.16}$$

其中，n_c——正确定位篡改点的样本数量；n_v——每个测试集中的测试视频数量。

两种方法的检测结果如表 5.9~ 表 5.16所示。本书的方法的 p 值为 $0.55 \sim 0.78$。与之前的结果类似，在篡改点定位方面，静止场景测试集中的结果优于常规场景测试集。另一方面，尽管文献 [98] 中方法的作者指出该方法既能应用在常规场景，也可应用于静止场景的删/插帧定位，但从实验结果来看，该方法在 H.264 编码的伪造视频中的篡改点定位能力极不理想，特别是在 4 个静止场景测试集中，OF 方法的 p 值普遍在 0.2 以下。从实验结果中还可以发现，OF 方法对于常规场景的篡改点定位准确率数值均为 0.09 的整数倍。这是由于在该方法中，用于判定输入视频帧间光流场异常与否的参数是基于相应的原始视频训练得到的，因此在常规场景的插入和删除测试集中，该方法对于每一段原始 YUV 序列对应的 10 段篡改视频，要么能够正确地定位所有视频中的篡改点，要么则定位不到任何篡改点。实际上，OF 方法仅对某些帧间运动平缓的视频有效。对于静止场景，由于帧间不存在实际的运动，非零光流场实际上是由压缩导致的帧间波动造成的，这就给参数训练和篡改点定位的过程引入了一定的随机因素，因此 OF 方法在静止场景测试集中的检测准确率并未出现上述现象。

表 5.9　SSD 测试集中的篡改点定位结果

	方法	N_D				
		10	15	20	25	30
p	OF	0.05	0.11	0.09	0.14	0.16
	本书方法	0.73	0.75	0.75	0.78	0.77

表 5.10　SDD 测试集中的篡改点定位结果

	方法	N_D				
		10	15	20	25	30
p	OF	0.00	0.12	0.15	0.15	0.18
	本书方法	0.70	0.71	0.69	0.74	0.75

表 5.11 RSD 测试集中的篡改点定位结果

	方法	N_D 10	15	20	25	30
p	OF	0.18	0.18	0.27	0.45	0.45
	本书方法	0.59	0.61	0.63	0.66	0.67

表 5.12 RDD 测试集中的篡改点定位结果

	方法	N_D 10	15	20	25	30
p	OF	0	0.09	0.27	0.27	0.36
	本书方法	0.55	0.58	0.61	0.61	0.63

表 5.13 SSI 测试集中的篡改点定位结果

	方法	N_D 10	15	20	25	30
p	OF	0.10	0.06	0.12	0.13	0.15
	本书方法	0.74	0.75	0.75	0.78	0.77

表 5.14 SDI 测试集中的篡改点定位结果

	方法	N_D 10	15	20	25	30
p	OF	0.08	0.09	0.11	0.14	0.13
	本书方法	0.70	0.71	0.74	0.74	0.75

表 5.15 RSI 测试集中的篡改点定位结果

	方法	N_D 10	15	20	25	30
p	OF	0.00	0.09	0.27	0.36	0.45
	本书方法	0.59	0.61	0.63	0.66	0.67

表 5.16 RDI 测试集中的篡改点定位结果

	方法	N_D 10	15	20	25	30
p	OF	0.09	0.09	0.36	0.36	0.36
	本书方法	0.55	0.58	0.61	0.61	0.63

5.5.3 算法时间开销

在时间开销方面，本书的方法中耗时最高的部分是码流参数的解析，其中的大部分操作是文件读取操作。表 5.17 中列出了本书方法、文献 [78] 和文献 [98] 中方法的平均时间开销。可以看到，本书方法的速度比文献 [78] 中方法略高。而文献 [98] 中的方法由于需要在每一对相邻的帧之间计算光流场，导致了极慢的运行速度。本书实验的硬件平台为 Intel Core i7-2600 处理器、24 GB 内存的工作站，软件平台为 MATLAB R2014a（码流解析模块基于 JM 18.1 实现[①]）。

表 5.17 三种方法的平均时间开销

方法	平均时间开销/s
ML	66
OF	339
本书方法	63

5.6 本章小结

本章根据删/插帧操作会导致篡改点附近的 P 帧对应的预测残差和帧内预测宏块数量同时显著增加这一现象，设计了分别用于度量预测残差和帧内预测宏块数量变化强度的两种特征。基于这两种特征，构造了一个融合指标以找到码流中预测残差和帧内预测宏块数量同时显著增强的异常突变点，并以此为依据检测删/插帧操作。实验表明，本章的方法能够在各种不同的情况下有效地检测删/插帧行为和定位篡改点，同时具有极小的时间开销。

① http://iphome.hhi.de/suehring/tml/download/。

参考文献